AF313278

# CARNET DE GRAPHIQUES

## POUR

# LE CANON DE 155 COURT SCHNEIDER

## OBUS ALLONGÉ

## OBUS EN FONTE ACIÉRÉE

# CANONS DE 155 COURT SCHNEIDER

## MODÈLES 1915 ET 1917



Graphiques. — Canon de 155 court.

# NOTICE.

Ce carnet permet de déterminer les éléments balistiques nécessaires à la préparation et au réglage d'un tir. Il est disposé de manière à éviter à l'officier de batterie tout calcul autre que quelques additions très simples.

Il est divisé en deux parties, la première destinée à l'obus allongé et la seconde à l'obus en fonte aciérée.

Chaque partie comprend des graphiques proprement dits et des tables graphiques.

## GRAPHIQUES 1.

Le premier graphique 1 donne *l'angle de chute* des tables et permet le choix de la charge à employer. On entre par la portée lue sur l'échelle horizontale; on suit une verticale jusqu'à la courbe marquée de la charge choisie, puis on suit une horizontale jusqu'à l'échelle verticale de gauche, où on lit l'angle de chute.

Par un cheminement analogue, le second graphique donne *la flèche* (pour le choix du vent balistique).

## GRAPHIQUE 2.

**Angle vent-plan de tir.** — On entre par l'échelle supérieure et l'on part du point correspondant à la direction du tir, évaluée approximativement en centaines de millièmes à partir du Nord Lambert. On suit la verticale issue de ce point jusqu'à ce qu'on rencontre la ligne oblique noire correspondant à la direction du vent donnée par le bulletin de sondage. Puis, on suit une horizontale, jusqu'à l'échelle de droite, sur laquelle on lit l'angle cherché, soit *a*, exprimé en décagrades.

## GRAPHIQUE 3.

**Correction de vent transversal.** — On part de la vitesse du vent à gauche ou à droite; on suit une horizontale jusqu'à l'oblique noire marquée de l'angle $a$; on change de direction vers le bas et l'on suit une verticale jusqu'à l'oblique noire marquée de la portée; on suit enfin une horizontale jusqu'à l'échelle de droite ou de gauche, sur laquelle on lit la correction avec son signe. On ne doit jamais traverser la région blanche du milieu si l'on veut éviter les erreurs de signe.

## GRAPHIQUE 4

**Dérivation.** — Même mode d'emploi que pour les graphiques **1**.

## GRAPHIQUE 5.

**Correction de vent longitudinal.** — Même mode d'emploi que pour le vent transversal.

## GRAPHIQUE 6.

**Correction de densité de l'air.** — Si l'on connaît la température et la pression, on entre par cette dernière (1), lue sur l'échelle verticale de gauche et du haut. On suit une horizontale jusqu'à l'oblique noire marquée de la température, puis une verticale jusqu'à l'oblique noire marquée de la distance de tir et enfin une horizontale jusqu'à l'échelle verticale de droite ou de gauche et du bas, sur laquelle on lit la correction avec son signe.

Si l'on connaît le poids du mètre cube d'air on part de l'échelle hori-

---

(1) Il est rappelé que la pression B du bulletin de sondage correspond à une certaine altitude de référence $z_0$, que les batteries doivent connaître. Si $z$ est l'altitude du canon, la pression à employer doit être diminuée de $9 \times (z - z_0)$ millimètres, $z - z_0$ étant évalué en hectomètres.

zontale du milieu, sur laquelle on lit ce poids. On suit une verticale vers le bas et l'on continue comme précédemment.

## GRAPHIQUE 7.

**Correction de vitesse initiale.** — On entre par la variation relative de vitesse initiale $\frac{dV_0}{V_0}$ évaluée en centièmes et lue sur l'échelle horizontale du haut. On suit une verticale et l'on continue comme précédemment.

Quant à la valeur de $\frac{dV_0}{V_0}$, elle s'obtient en ajoutant le régime déduit des tirs précédents à la quantité $\frac{t - 15}{10}$ où $t$ désigne la température de la poudre.

Si l'on connaît, à la suite d'un réglage, l'erreur de portée commise dans la préparation, on en déduit, par le cheminement inverse du précédent, la quantité dont il eût fallu majorer le $\frac{dV_0}{V_0}$ de régime pour que cette erreur n'existât pas, ce qui permet d'utiliser le tir pour l'amélioration du régime futur.

## GRAPHIQUE 8.

**Correction de poids du projectile.** — On commence par calculer la différence $p - p_0$ avec le poids normal, lequel est rappelé dans le bas du graphique, pour l'obus sans fusée.

Puis on entre par la portée lue sur l'échelle verticale du haut, à droite si les projectiles qu'on va tirer pèsent plus que le poids normal, à gauche s'ils pèsent moins. On suit une horizontale jusqu'à la courbe marquée de la charge utilisée, puis une verticale jusqu'à l'oblique noire marquée de la valeur trouvée pour $p - p_0$ et enfin une horizontale, vers la droite ou vers la gauche suivant que $p$ est plus grand que $p_0$ ou plus petit. On lit la correction, avec son signe, sur l'échelle verticale.

## TABLES GRAPHIQUES 9.

**Angles au niveau et évents.** — On entre par la portée corrigée dans la colonne du milieu, qui est graduée, à droite et à gauche, de 20 mètres en 20 mètres. A gauche, on lit l'angle au niveau, en vingtièmes de hausse. A droite on lit l'évent de la fusée 24/31 LD, pour un éclatement de hauteur nulle.

## GRAPHIQUE 10.

**Correction de site.** — Même mode d'emploi que pour le graphique **8**. Les obliques noires du bas sont marquées de la différence d'altitude, en mètres, entre le but et la pièce. La correction est donnée en millièmes sur la première échelle verticale du bas, en vingtièmes de hausse sur la seconde. C'est *la correction exacte et totale;* elle ne doit pas être suivie de la correction dite « complémentaire ».

## GRAPHIQUE 11.

**Corrections de convergence.** — Soient $P_1$ la pièce directrice et $P_2$ une autre pièce de la batterie. On mesure, une fois pour toutes, la distance $d_1 = P_1 P_2$ en mètres et l'angle $a_2$ en millièmes, dont il faut faire tourner la direction $P_1 P_2$ pour la rendre parallèle à la direction de surveillance et de même sens, la rotation se produisant dans le sens inverse des aiguilles d'une montre (sens des dérives croissantes). Soit maintenant $\alpha$ l'angle de transport. On calcule la somme $b_2 = a_2 + \alpha$, qu'on évalue ensuite en centaines de millièmes.

On entre par la distance $d_2$ sur l'une des échelles verticales du haut. On chemine horizontalement jusqu'à l'oblique marquée de l'angle $b_2$. On change de direction vers le bas jusqu'à l'échelle horizontale du milieu, sur laquelle on lit la correction de portée qu'il faut ajouter algébriquement à la portée de $P_1$.

Pour avoir la correction de dérive, on recommence l'opération précédente, mais en ajoutant 48 à l'angle $b_2$ ou en en retranchant 16 (ce qu'on a pu faire à l'avance sur l'angle $a_2$). En outre, au lieu de s'arrêter sur l'échelle du milieu, on continue à descendre jusqu'à l'oblique marquée de la distance de tir. On change alors de direction jusqu'à l'échelle verticale de droite ou de gauche et du bas, sur laquelle on lit la correction qu'il faut ajouter à la dérive de $P_1$.

Abstraction faite du régimage et des différences d'altitude entre les pièces, ces deux corrections doivent amener le tir de $P_2$ à converger exactement avec le tir de $P_1$.

On peut utiliser la moitié inférieure de ce graphique pour le calcul des parallaxes.

### GRAPHIQUE 12.

**Transformation des corrections de portée en corrections d'angle au niveau.** — Même mode d'emploi que pour les graphiques **8** et **10**. Les obliques noires du bas sont marquées de la correction de portée. La correction d'angle au niveau se lit sur l'échelle de droite et du bas, en vingtièmes de hausse.

### GRAPHIQUE 13.

**Écarts probables.** — Même mode d'emploi que pour les graphiques **1** et **4**.

### TABLE GRAPHIQUE 14.

**Correspondance entre les fusées courtes et les fusées longues.** — C'est une table graphique à utiliser seulement quand on emploie les fusées longues. En face de la distance topographique A, on lit une correction en mètres, qui, ajoutée à A, donne une distance fictive X. C'est par cette distance fictive que l'on doit ensuite entrer dans tous les graphiques et tables précédemment décrits et qui conviennent, moyennant cette correction préliminaire, à la fois aux fusées courtes et aux fusées longues. Il n'y a exception que pour les écarts probables pour lesquels les tables diffèrent suivant la fusée. Mais il est bien entendu que, même pour ces derniers éléments, on doit entrer, dans la colonne des portées, par la distance fictive X et non par la distance topographique.

**NOTA I.** Dans les divers cheminements ou lectures, lorsque l'argument à utiliser n'a pas valeur ronde, on interpole entre les valeurs rondes voisines.

En haut de chaque graphique, on a rappelé le schéma du cheminement par des flèches rouges, afin d'éviter toute hésitation.

**II.** Les différentes charges n'ont été envisagées que dans les limites où elles sont d'une utilisation courante. On a ménagé entre les charges consécutives une zone de recouvrement variant de 1 kilogr. 5 à 2 kilogr. 5.

**III.** Le dispositif adopté pour les graphiques **3, 5, 6, 7** et **14** n'a été possible qu'en faisant quelques approximations imposées par la nécessité de s'affranchir de la diversité des charges. Il en résulte, en certains endroits, de légères discordances avec les Tables de tir du 4 janvier 1918.

Il sera préférable, en conséquence, de recourir aux tables de tir mêmes toutes les fois que la *rapidité* de la préparation ne sera pas imposée par la situation ou les ordres reçus.

# GRAPHIQUES

---

## 1<sup>re</sup> PARTIE

---

# OBUS ALLONGÉ

# ANGLES DE CHUTE DES TABLES

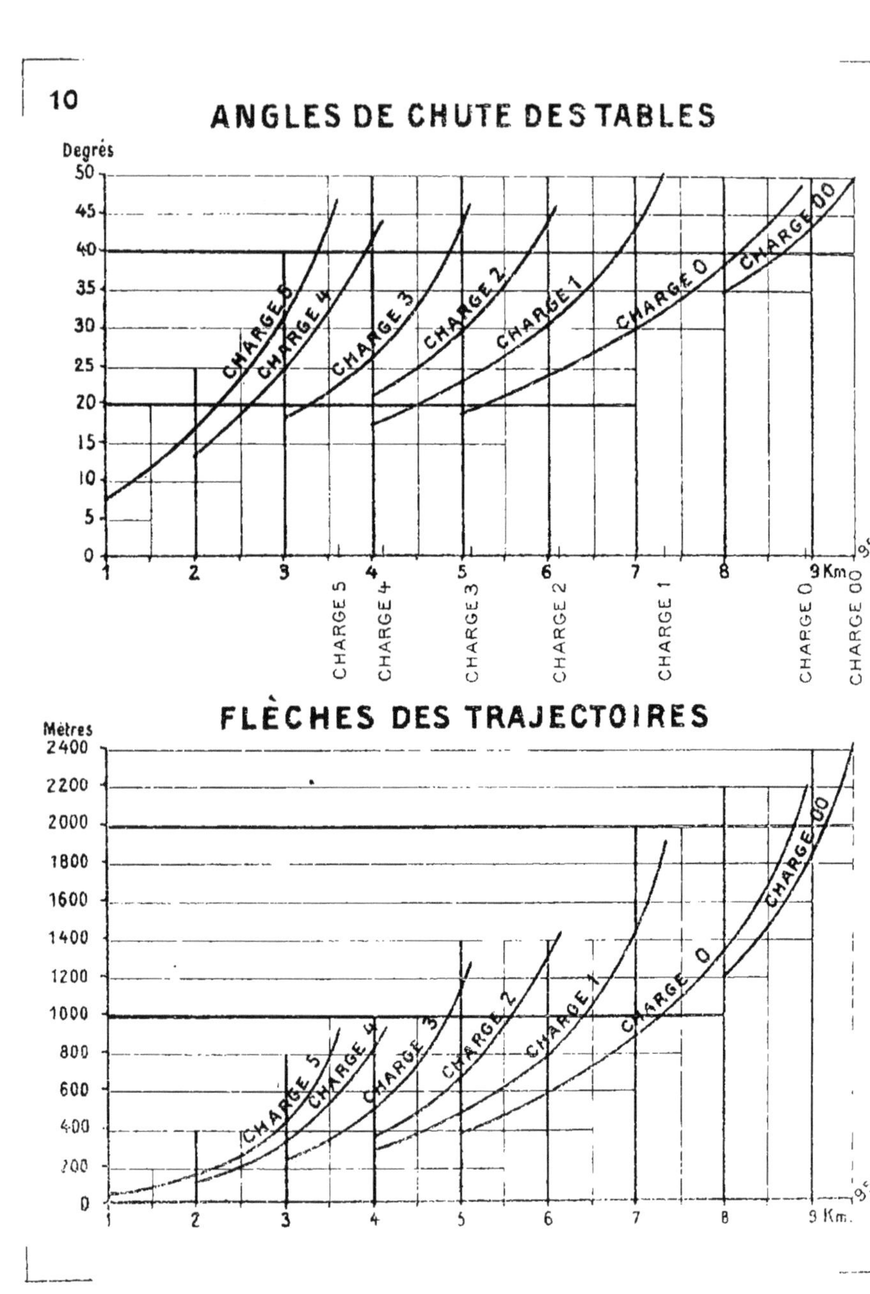


# FLÈCHES DES TRAJECTOIRES

# CALCUL DE L'ANGLE VENT-PLAN DE TIR

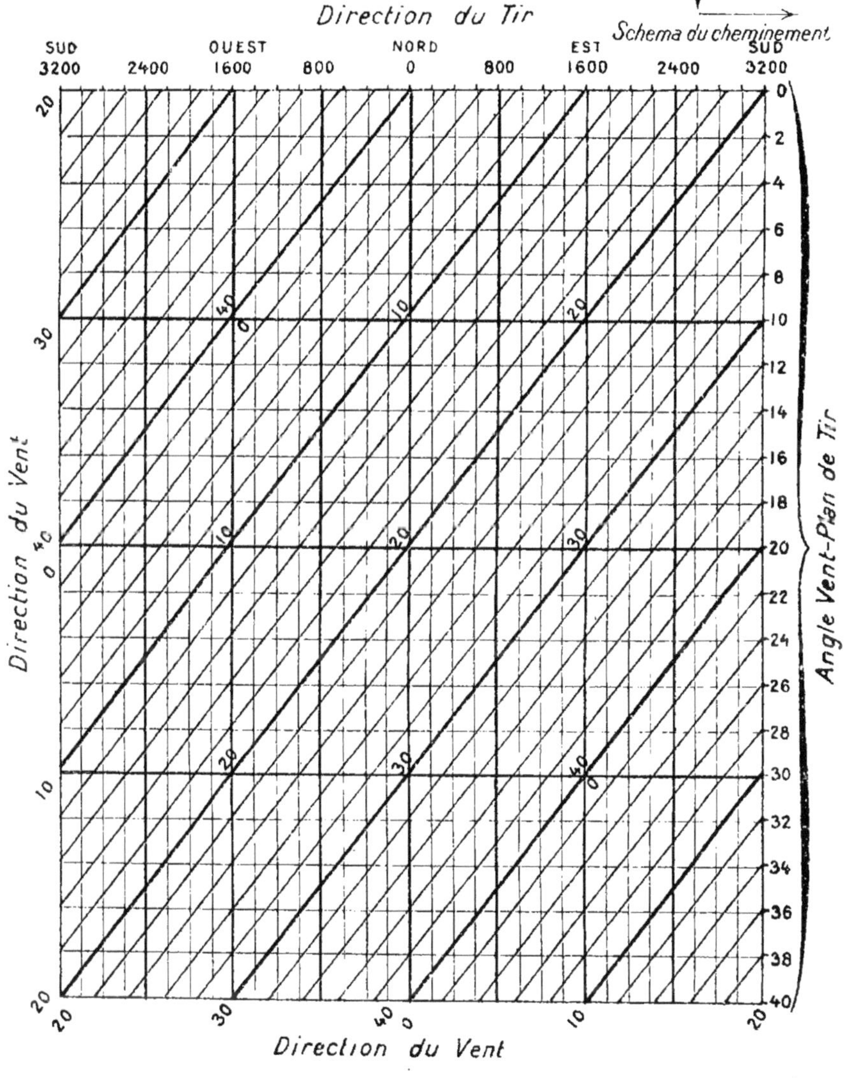

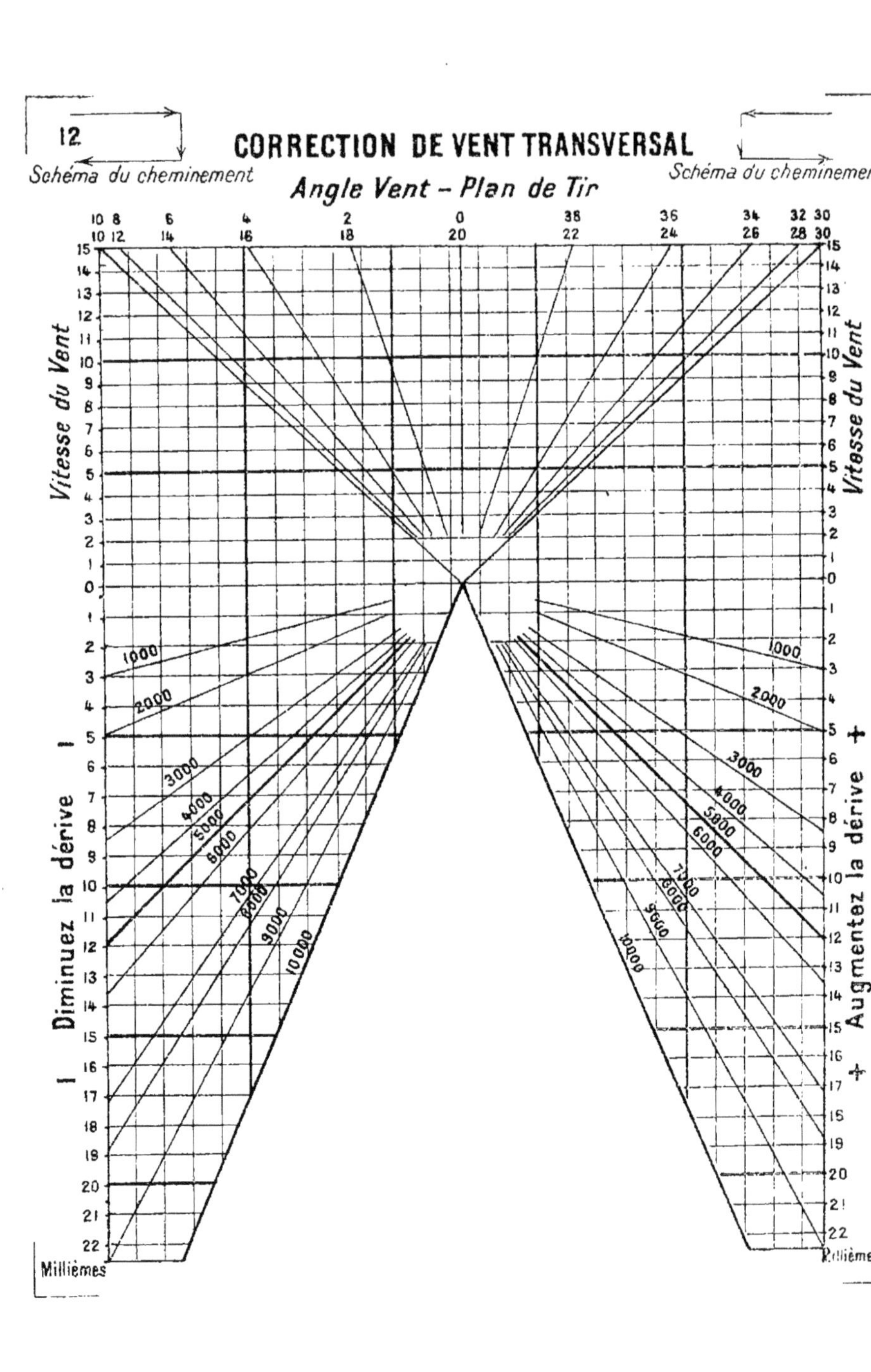

12
Schéma du cheminement
Schéma du cheminement
CORRECTION DE VENT TRANSVERSAL
Angle Vent - Plan de Tir
Vitesse du Vent
Vitesse du Vent
Diminuez la dérive
Augmentez la dérive
1000
2000
3000
4000
5000
6000
7000
8000
9000
10000
Millièmes
Millièmes

# CORRECTION DE DÉRIVATION

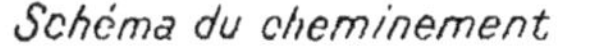

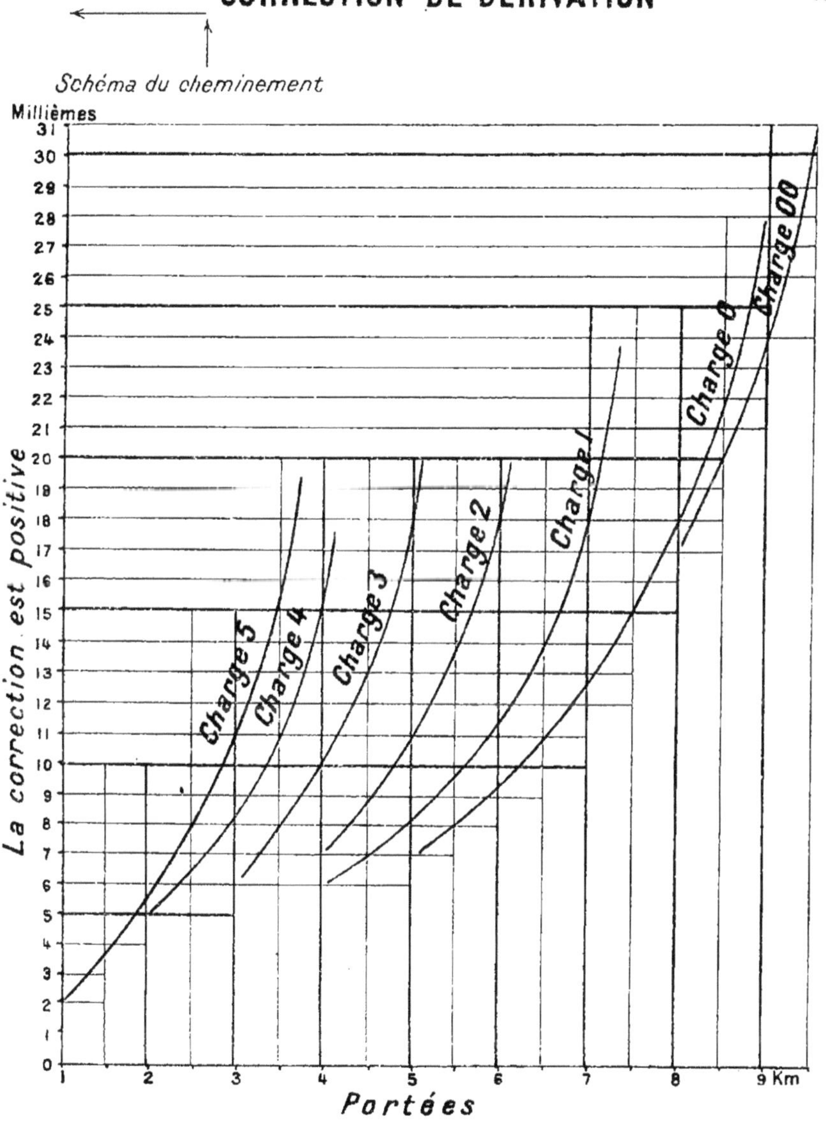

Schéma du cheminement
Millièmes
La correction est positive
Charge 5
Charge 4
Charge 3
Charge 2
Charge 1
Charge 0
Charge 00
Portées
9 Km

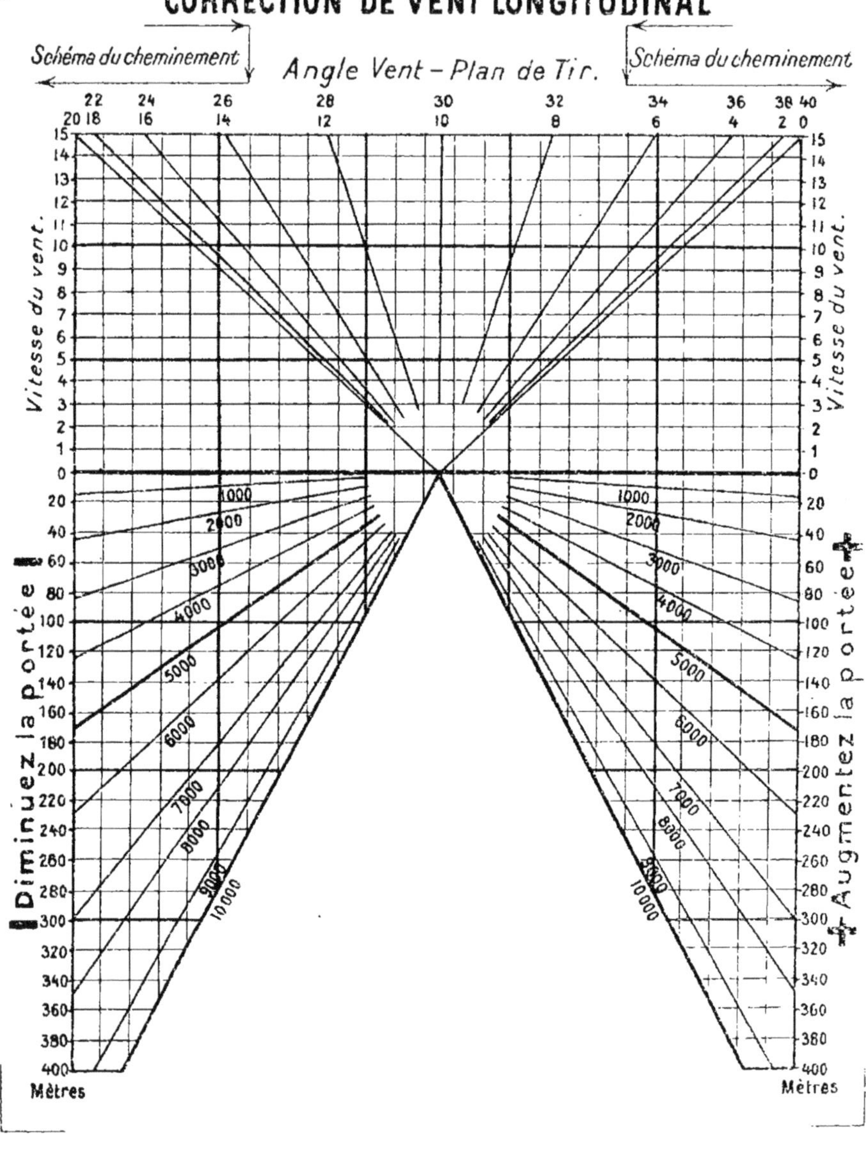


14
CORRECTION DE VENT LONGITUDINAL
Schéma du cheminement
Schéma du cheminement
Angle Vent – Plan de Tir.
22 24 26 28 30 32 34 36 38 40
20 18 16 14 12 10 8 6 4 2 0
15 14 13 12 11 10 9 8 7 6 5 4 3 2 1 0
Vitesse du vent.
Vitesse du vent.
20 40 60 80 100 120 140 160 180 200 220 240 260 280 300 320 340 360 380 400
1000
2000
3000
4000
5000
6000
7000
8000
9000
10000
1000
2000
3000
4000
5000
6000
7000
8000
9000
10000
Diminuez la portée
Augmentez la portée
Mètres
Mètres

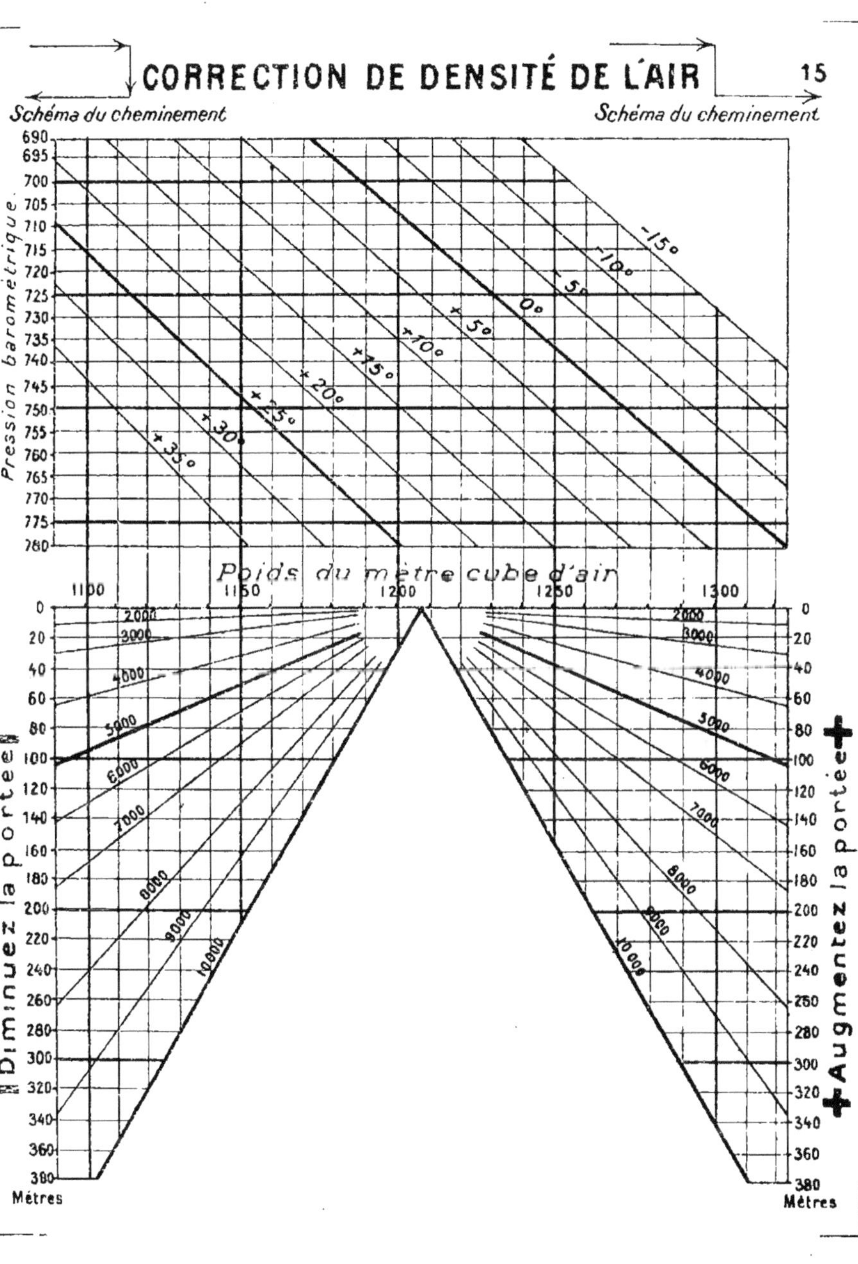

Schéma du cheminement
Schéma du cheminement
Pression barométrique
690
695
700
705
710
715
720
725
730
735
740
745
750
755
760
765
770
775
780
-15°
-10°
-5°
0°
+5°
+10°
+15°
+20°
+25°
+30°
+35°
Poids du mètre cube d'air
1100
1150
1200
1250
1300
2000
3000
4000
5000
6000
7000
8000
9000
10000
Diminuez la portée
Augmentez la portée
Mètres
Mètres
0
20
40
60
80
100
120
140
160
180
200
220
240
260
280
300
320
340
360
380

# CORRECTION DE VITESSE INITIALE

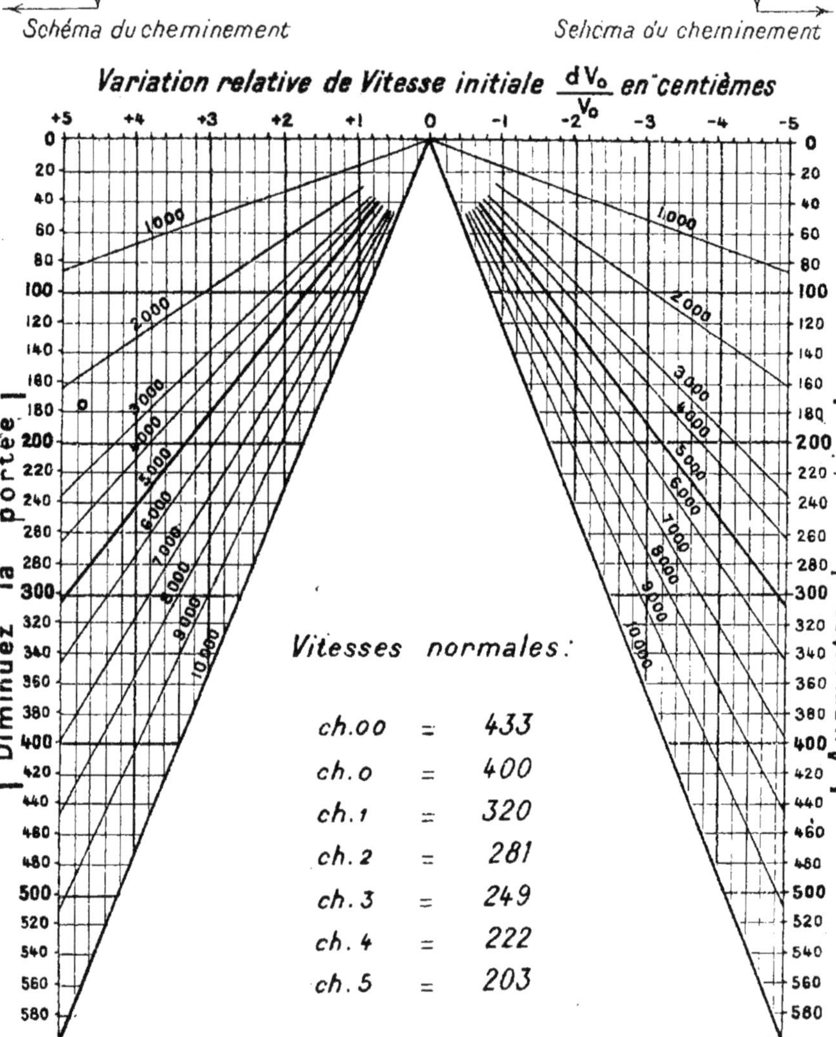

# CORRECTION DE POIDS DU PROJECTILE

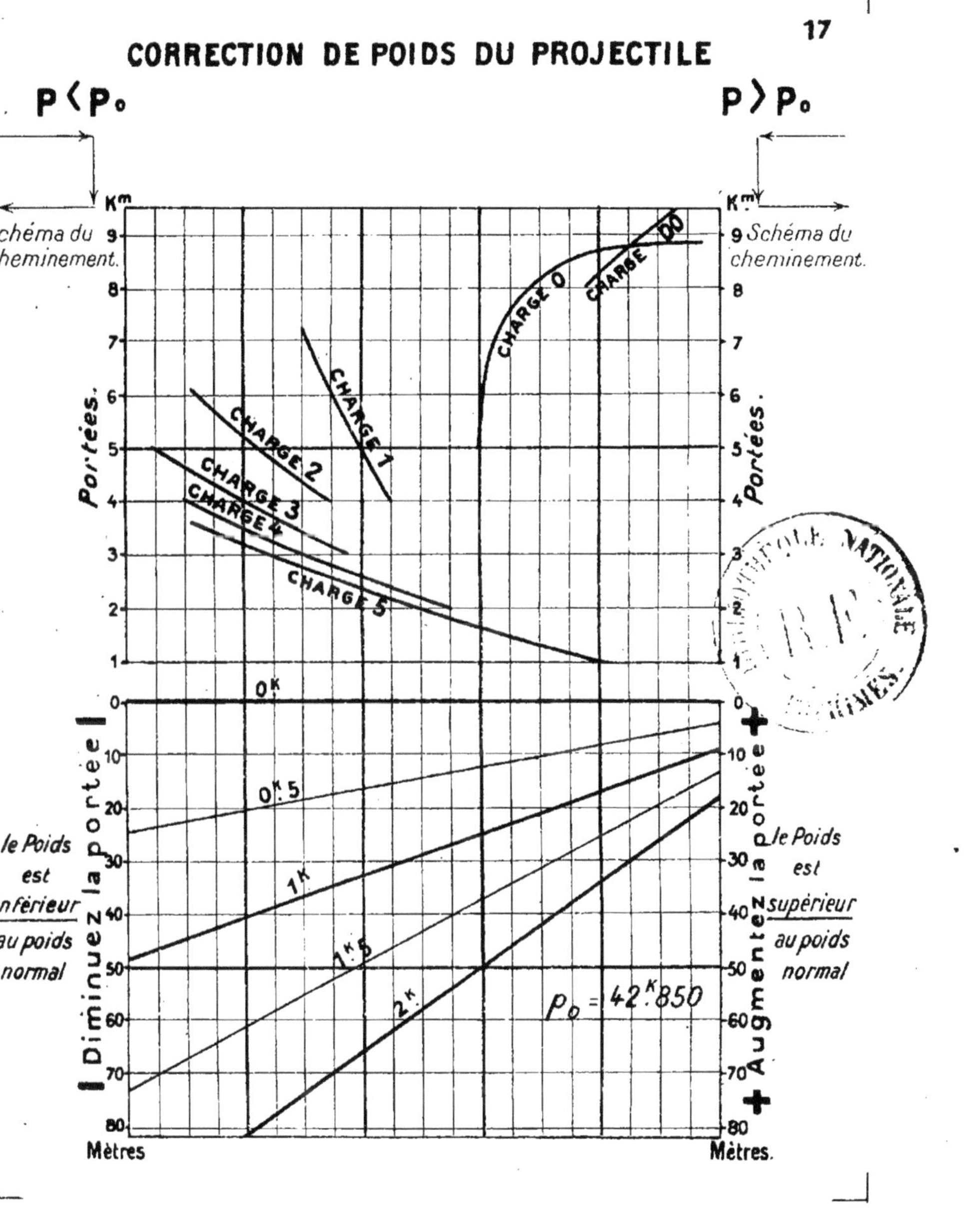

## CHARGE 00

| Angles au niveau | Portées | Events de la Fusée $\frac{2\frac{1}{2}LD}{31}$ |
|---|---|---|
| 510 | 8000 | |
| 520 | 8100 | |
| 530 | 8200 | |
| 540 | 8300 | 38 |
| 550 | 8400 | |
| 560 | 8400 | 39 |
| 570 | 8500 | |
| 580 | 8600 | 40 |
| 590 | | |
| 600 | 8700 | 41 |
| 620 | 8800 | 42 |
| 640 | 8900 | 43 |
| 660 | 9000 | 44 |
| 680 | 9100 | |
| 700 | 9200 | 45 |
| 720 | 9300 | 46 |
| 740 | 9400 | |
| 760 | | 47 |
| 780 | 9500 | |

## CHARGE 0

| Angles au niveau | Portées | Events de la Fusée $\frac{2\frac{1}{2}LD}{31}$ |
|---|---|---|
| 270 | 5000 | |
| | 5100 | |
| 280 | 5200 | 21 |
| 290 | 5300 | |
| | 5400 | 22 |
| 300 | 5500 | |
| 310 | 5600 | 23 |
| 320 | 5700 | |
| 330 | 5800 | 24 |
| 340 | 5900 | 25 |
| 350 | 6000 | |
| | 6100 | 26 |
| 360 | 6200 | |
| 370 | 6300 | 27 |
| 380 | 6400 | 28 |
| 390 | 6500 | |
| 400 | 6600 | 29 |
| 410 | 6700 | |
| 420 | 6800 | 30 |
| 430 | 6900 | 31 |
| 440 | 7000 | |
| 450 | 7100 | 32 |
| 460 | 7200 | 33 |
| 470 | 7300 | |
| 480 | 7400 | 34 |
| 490 | 7500 | 35 |
| 500 | 7600 | |
| 510 | | |

| Angles au niveau | Portées | Events de la Fusée $\frac{2\frac{1}{2}LD}{31}$ |
|---|---|---|
| 520 | 7600 | 36 |
| 530 | 7700 | |
| 540 | 7800 | 37 |
| 550 | | |
| 560 | 7900 | 38 |
| 570 | 8000 | |
| 580 | | 39 |
| 590 | 8100 | |
| 600 | 8200 | 40 |
| 620 | 8300 | 41 |
| 640 | 8400 | 42 |
| 660 | 8500 | |
| 680 | 8600 | 43 |
| 700 | 8700 | 44 |
| 720 | | |
| 740 | 8800 | 45 |
| 760 | | |
| 780 | 8900 | 46 |

# CHARGE 1     CHARGE 2

Nomogram (graphical firing table). Each charge has three parallel scales; the values below are listed in order down each scale. Scale positions are aligned graphically, not in strict rows.

**CHARGE 1 — première réglette**

| Angles au niveau | Portées | Events de la Fusée $2\frac{24}{31}$ LD |
|---|---|---|
| 280 | 4000 | 18 |
| 290 | 4100 | 19 |
| 300 | 4200 | 20 |
| 310 | 4300 | 21 |
| 320 | 4400 | 22 |
| 330 | 4500 | 23 |
| 340 | 4600 | 24 |
| 350 | 4700 | 25 |
| 360 | 4800 | 26 |
| 370 | 4900 | 27 |
| 380 | 5000 | 28 |
| 390 | 5100 | 29 |
| 400 | 5200 | 30 |
| 410 | 5300 | 31 |
| 420 | 5400 | 32 |
| 430 | 5500 | 33 |
| 440 | 5600 | 34 |
| 450 | 5700 | 35 |
| 460 | 5800 | 36 |
| 470 | 5900 | |
| 480 | 6000 | |
| 490 | 6100 | |
| 500 | 6200 | |
| 520 | 6300 | |
| 540 | 6400 | |
| 560 | 6500 | |
| 580 | 6600 | |

**CHARGE 1 — seconde réglette**

| Angles au niveau | Portées | Events de la Fusée $2\frac{24}{31}$ LD |
|---|---|---|
| 600 | 6600 | |
| 620 | 6700 | 37 |
| 640 | 6800 | 38 |
| 660 | 6900 | 39 |
| 680 | 7000 | 40 |
| 700 | 7100 | 41 |
| 720 | 7200 | 42 |
| 740 | 7300 | |
| 760 | | |
| 780 | | |
| 800 | | |
| 820 | | |

**CHARGE 2**

| Angles au niveau | Portées | Events de la Fusée $2\frac{24}{31}$ LD |
|---|---|---|
| 360 | 4000 | 21 |
| 370 | 4100 | 22 |
| 380 | 4200 | 23 |
| 390 | 4300 | 24 |
| 400 | 4400 | 25 |
| 410 | 4500 | 26 |
| 420 | 4600 | 27 |
| 430 | 4700 | 28 |
| 440 | 4800 | 29 |
| 450 | 4900 | 30 |
| 460 | 5000 | 31 |
| 470 | 5100 | 32 |
| 480 | 5200 | 33 |
| 490 | 5300 | 34 |
| 500 | 5400 | 35 |
| 510 | 5500 | 36 |
| 520 | 5600 | 37 |
| 530 | 5700 | |
| 540 | 5800 | |
| 550 | 5900 | |
| 560 | 6000 | |
| 570 | 6100 | |
| 580 | | |
| 590 | | |
| 600 | | |
| 620 | | |
| 640 | | |
| 660 | | |
| 680 | | |
| 700 | | |
| 720 | | |
| 740 | | |
| 760 | | |
| 780 | | |

# CHARGE 3 | CHARGE 4 | CHARGE 5

## CHARGE 3

**Angles au niveau** — 320, 330, 340, 350, 360, 370, 380, 390, 400, 410, 420, 430, 440, 450, 460, 470, 480, 490, 500, 520, 540, 560, 580, 600, 620, 640, 660, 680, 700, 720, 740, 760, 780, 800

**Portées** — 3000, 3100, 3200, 3300, 3400, 3500, 3600, 3700, 3800, 3900, 4000, 4100, 4200, 4300, 4400, 4500, 4600, 4700, 4800, 4900, 5000, 5100

**Évents de la Fusée $\frac{24}{31}$ LD** — 16, 17, 18, 19, 20, 21, 22, 23, 24, 25, 26, 27, 28, 29, 30, 31, 32

## CHARGE 4

**Angles au niveau** — 250, 260, 270, 280, 290, 300, 320, 340, 360, 380, 400, 420, 440, 460, 480, 500, 520, 540, 560, 580, 600, 620, 640, 660, 680, 700, 720, 740, 760

**Portées** — 2000, 2100, 2200, 2300, 2400, 2500, 2600, 2700, 2800, 2900, 3000, 3100, 3200, 3300, 3400, 3500, 3600, 3700, 3800, 3900, 4000, 4100

**Évents de la Fusée $\frac{24}{31}$ LD** — 11, 12, 13, 14, 15, 16, 17, 18, 19, 20, 21, 22, 23, 24, 25, 26, 27, 28

## CHARGE 5

**Angles au niveau** — 140, 150, 160, 170, 180, 190, 200, 220, 240, 260, 280, 300, 320, 340, 360, 380, 400, 420, 440, 460, 480, 500, 520, 540, 560, 580, 600, 620, 640, 660, 680, 700, 800

**Portées** — 1000, 1100, 1200, 1300, 1400, 1500, 1600, 1700, 1800, 1900, 2000, 2100, 2200, 2300, 2400, 2500, 2600, 2700, 2800, 2900, 3000, 3100, 3200, 3300, 3400, 3500, 3600

**Évents de la Fusée $\frac{24}{31}$ LD** — 6, 7, 8, 9, 10, 11, 12, 13, 14, 15, 16, 17, 18, 19, 20, 21, 22, 23, 24, 25, 26

# CORRECTION DE SITE

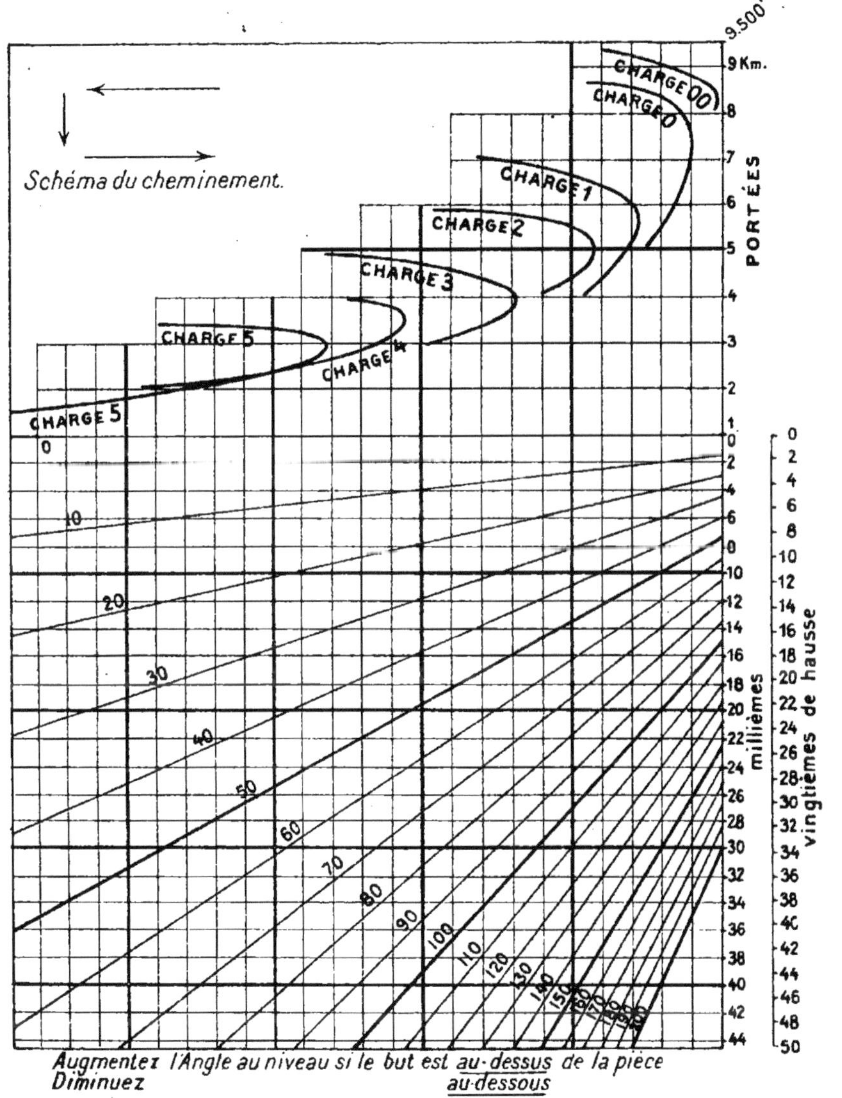

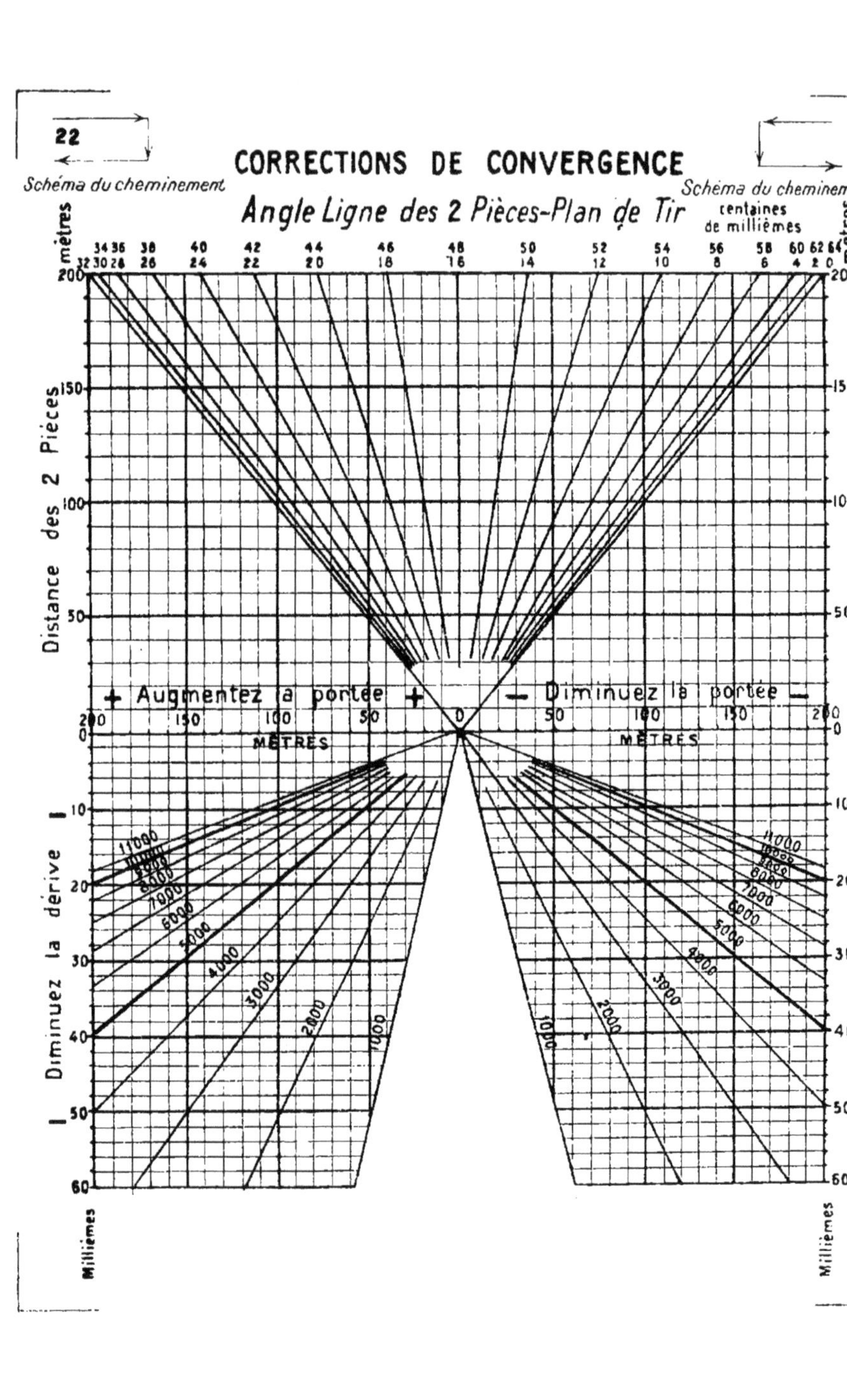

22
CORRECTIONS DE CONVERGENCE
Angle Ligne des 2 Pièces-Plan de Tir
Schéma du cheminement
Schéma du cheminement
centaines de millièmes
mètres
mètres
Distance des 2 Pièces
Distance des 2 Pièces
34 36 38 40 42 44 46 48 50 52 54 56 58 60 62 64
32 30 28 26 24 22 20 18 16 14 12 10 8 6 4 2 0
200
150
100
50
+ Augmentez la portée +
— Diminuez la portée —
200 150 100 50 0 50 100 150 200
MÈTRES
MÈTRES
Diminuez la dérive
Augmentez la dérive
10
20
30
40
50
60
11000
10000
9000
8000
7000
6000
5000
4000
3000
2000
1000
Millièmes
Millièmes

# TRANSFORMATION DES CORRECTIONS DE PORTÉE EN CORRECTIONS D'ANGLE AU NIVEAU

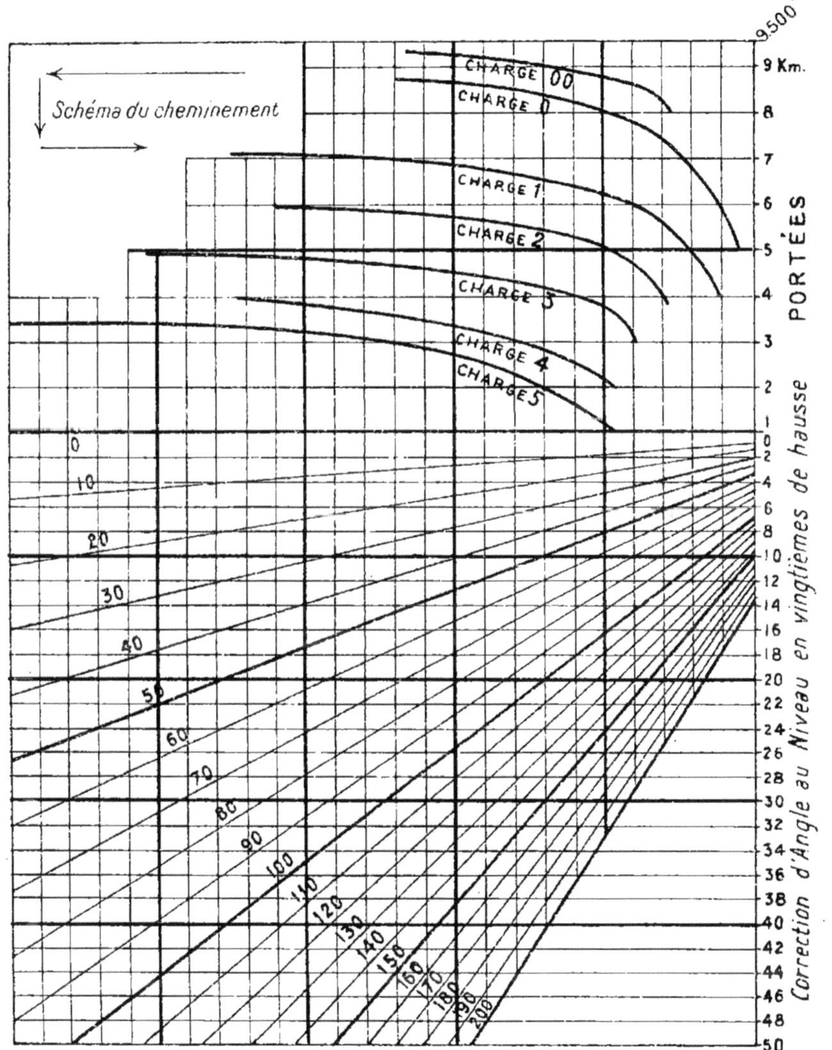

# VALEURS DES ECARTS PROBABLES (FUSÉES COURTES)

## 1° EN PORTÉE.

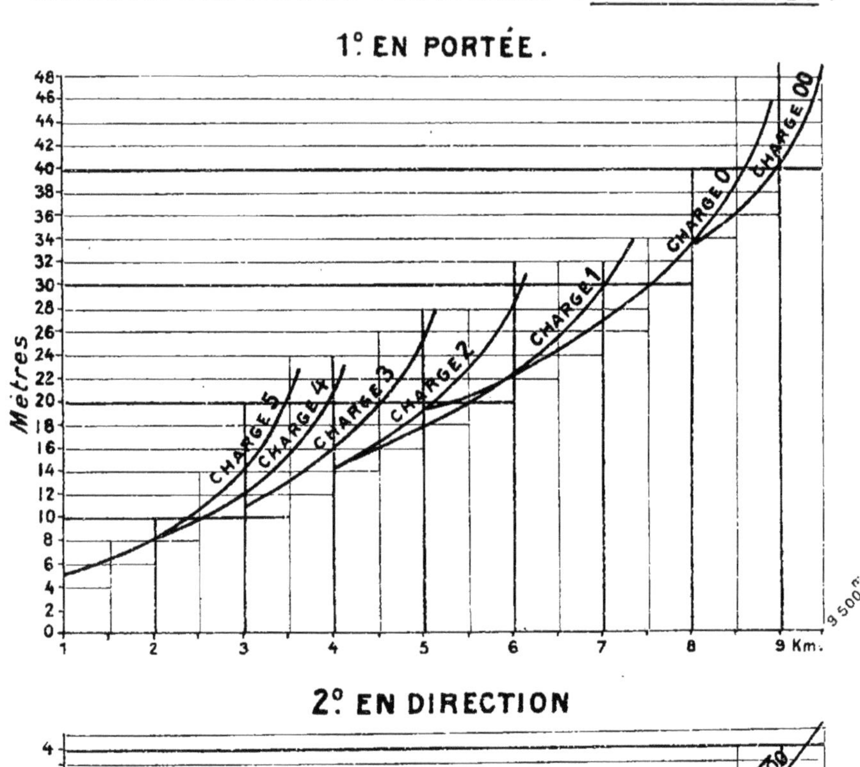


## 2° EN DIRECTION

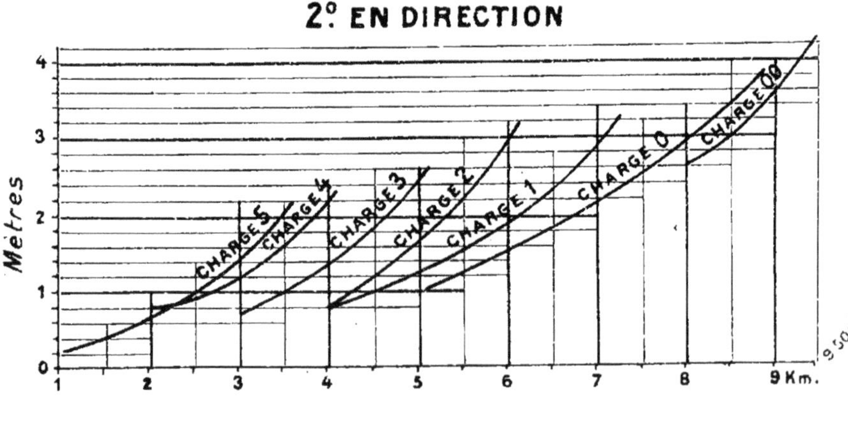

# VALEURS DES ECARTS PROBABLES (FUSÉES LONGUES)

## 1º EN PORTÉE.

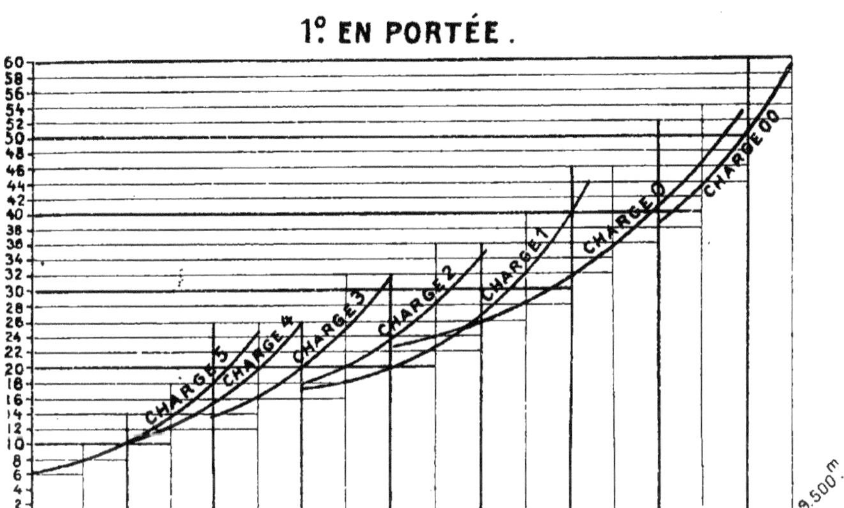


## 2º EN DIRECTION

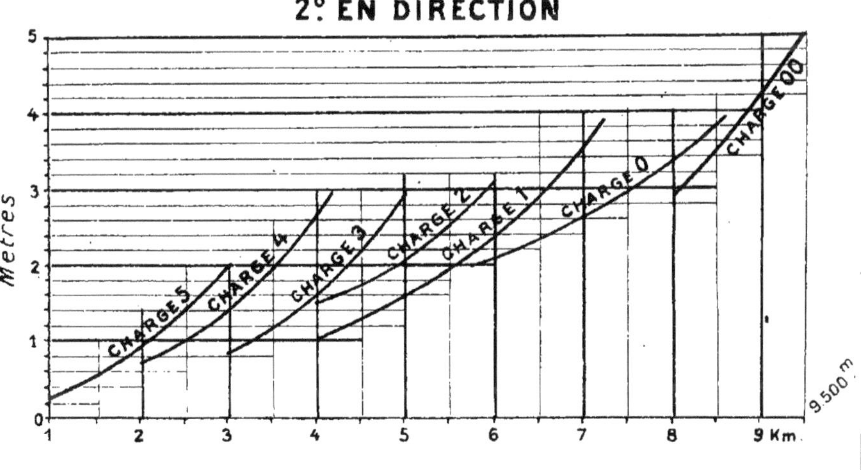

# CORRECTION DE PORTÉE POUR LE PASSAGE DES FUSÉES COURTES AUX FUSÉES LONGUES

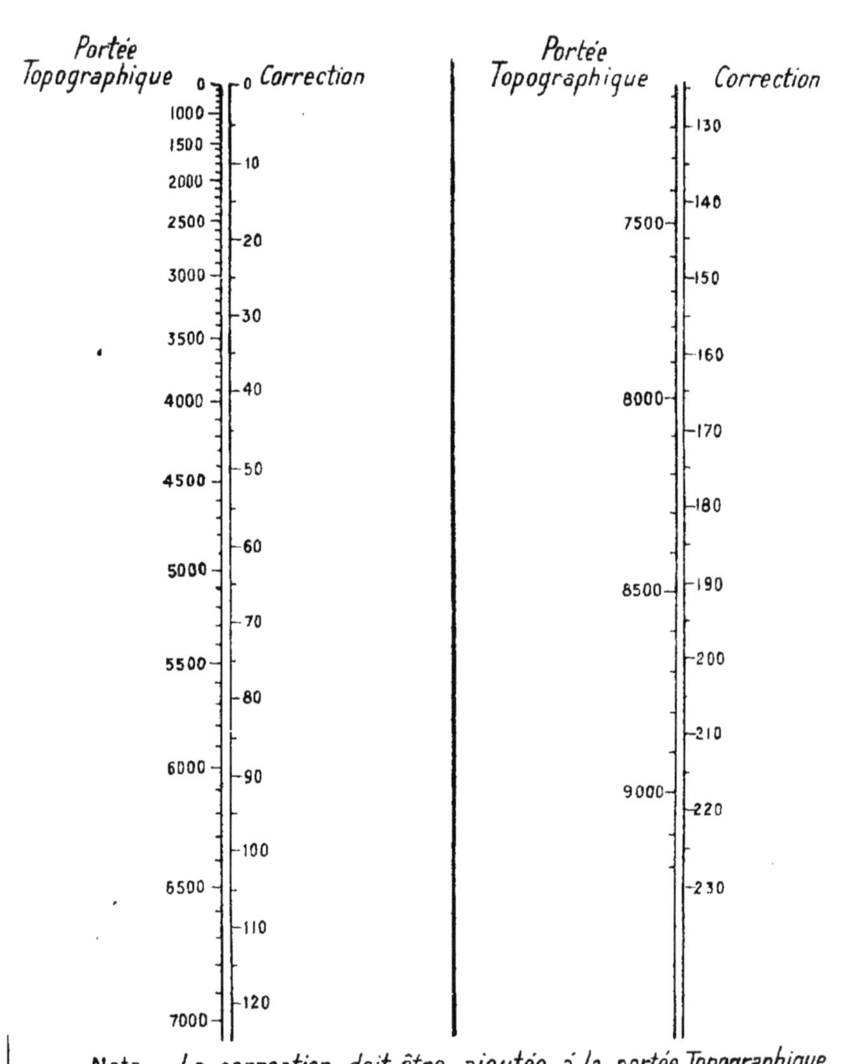


Nota – *La correction doit être ajoutée à la portée Topographique*

# GRAPHIQUES

---

## 2ᵉ PARTIE

# OBUS EN FONTE ACIÉRÉE

28

# ANGLES DE CHUTE DES TABLES

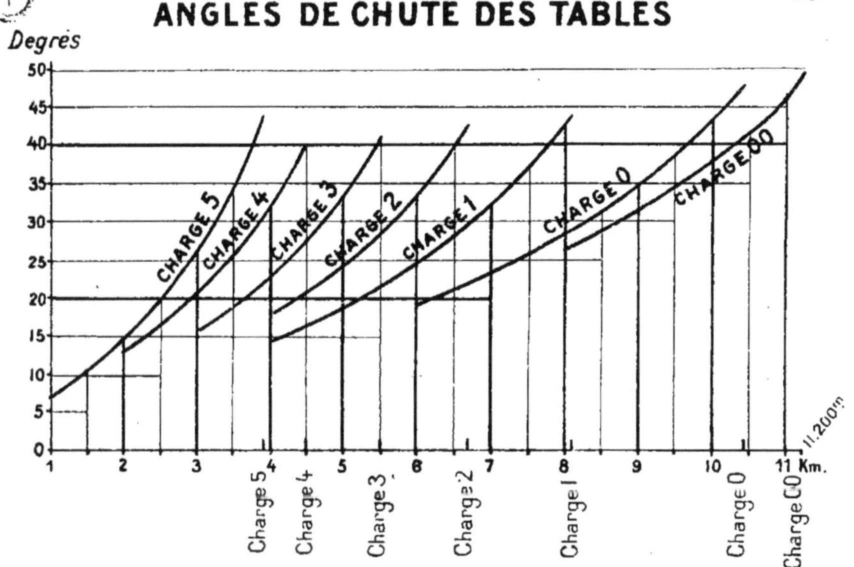


# FLÈCHES DES TRAJECTOIRES

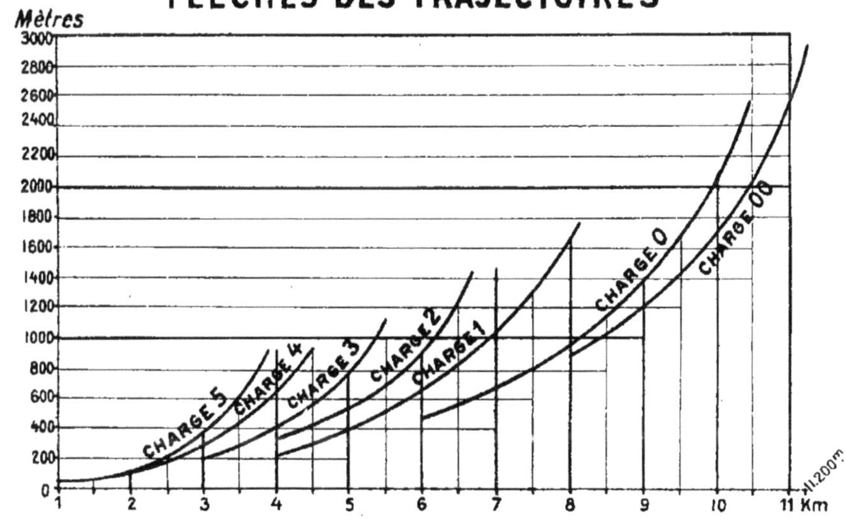

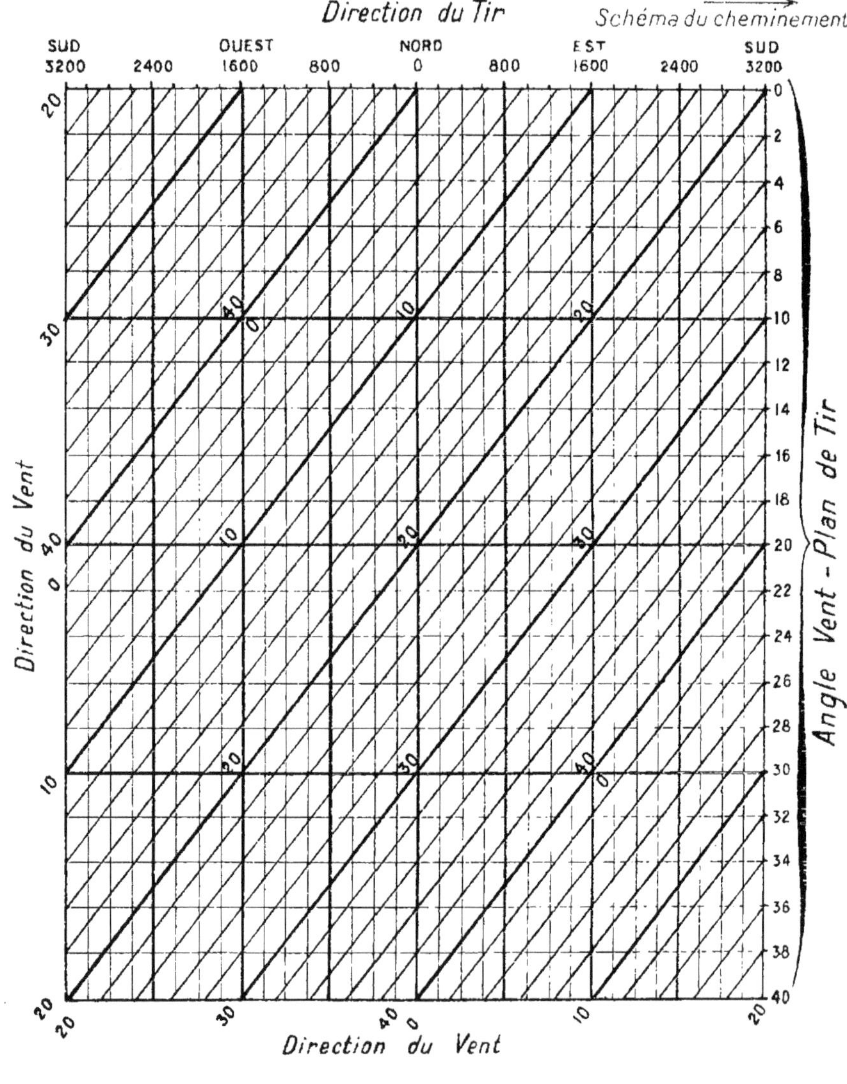

CALCUL DE L'ANGLE VENT-PLAN DE TIR
Direction du Tir
Schéma du cheminement.
SUD
3200
2400
OUEST
1600
800
NORD
0
800
EST
1600
2400
SUD
3200
Direction du Vent
Angle Vent - Plan de Tir
Direction du Vent

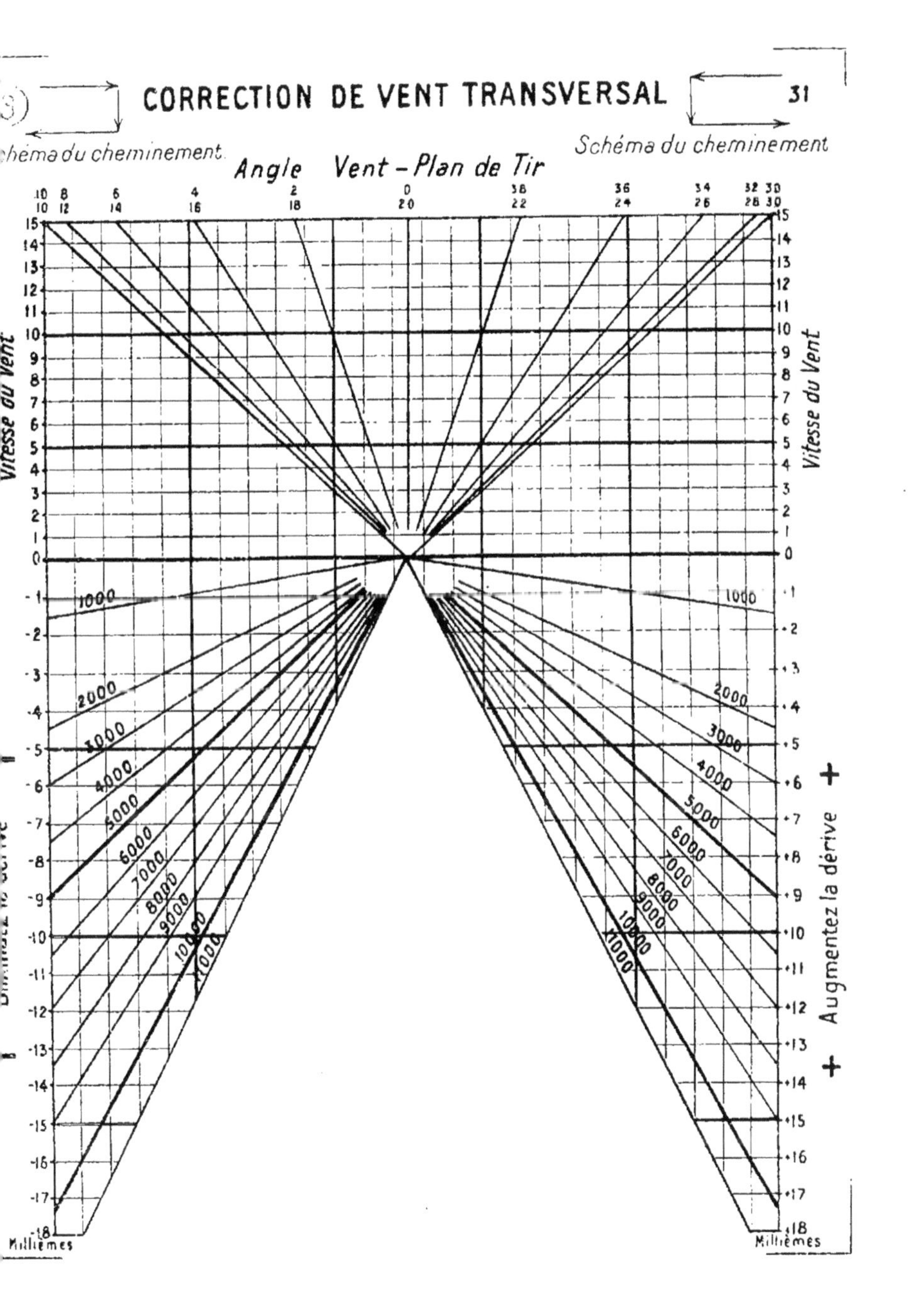
Schéma du cheminement.
Schéma du cheminement
Angle   Vent – Plan de Tir
Vitesse du Vent
Vitesse du Vent
Augmentez la dérive
Millièmes
Millièmes
1000
2000
3000
4000
5000
6000
7000
8000
9000
10000
11000
1000
2000
3000
4000
5000
6000
7000
8000
9000
10000
11000

# CORRECTION DE DÉRIVATION



*Schéma du cheminement*

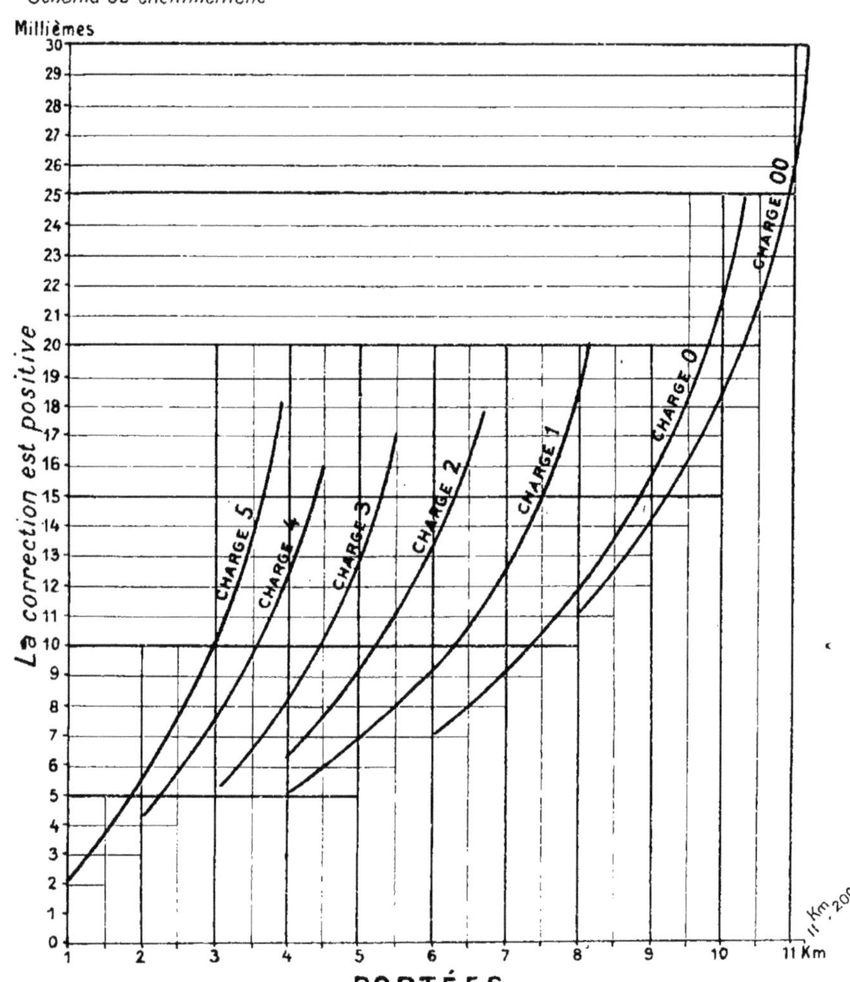

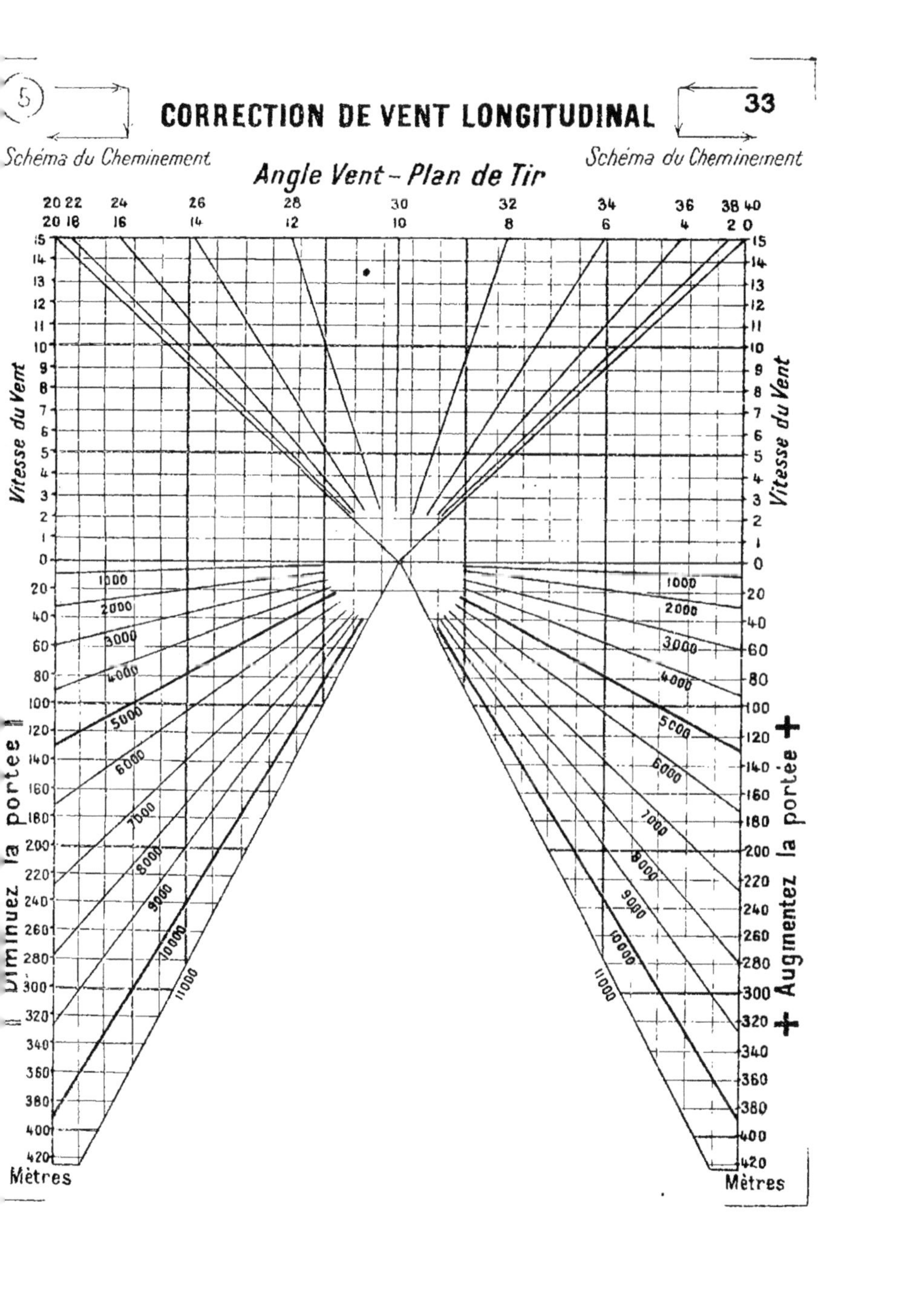
Schéma du Cheminement
Schéma du Cheminement
Angle Vent – Plan de Tir
20 22 24 26 28 30 32 34 36 38 40
20 18 16 14 12 10 8 6 4 2 0
Vitesse du Vent
Vitesse du Vent
15 14 13 12 11 10 9 8 7 6 5 4 3 2 1 0
1000
2000
3000
4000
5000
6000
7000
8000
9000
10000
11000
Diminuez la portée
Augmentez la portée
Mètres
Mètres

# CORRECTION DE DENSITÉ DE L'AIR

*Schéma du cheminement.*  *Schéma du cheminement.*

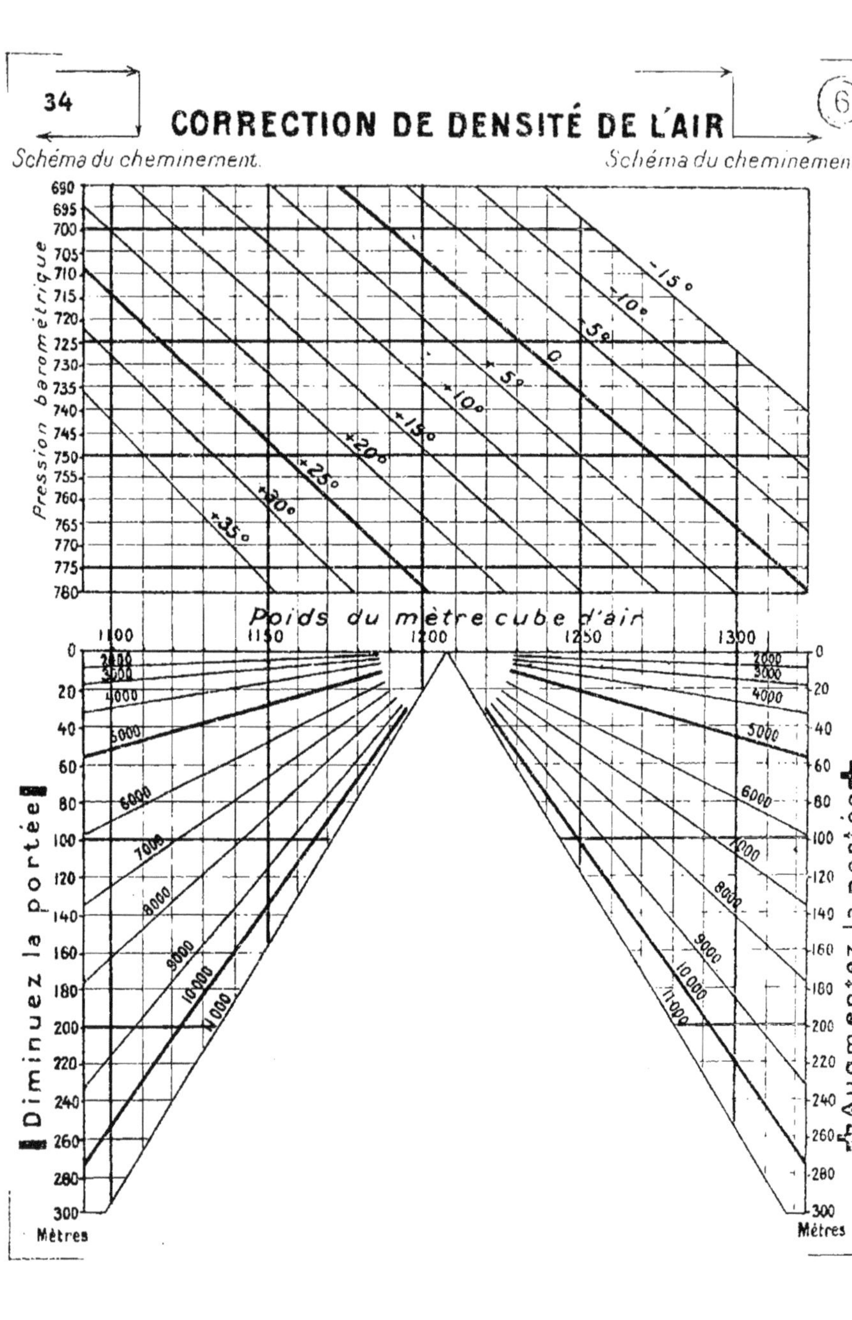

# CORRECTION DE VITESSE INITIALE

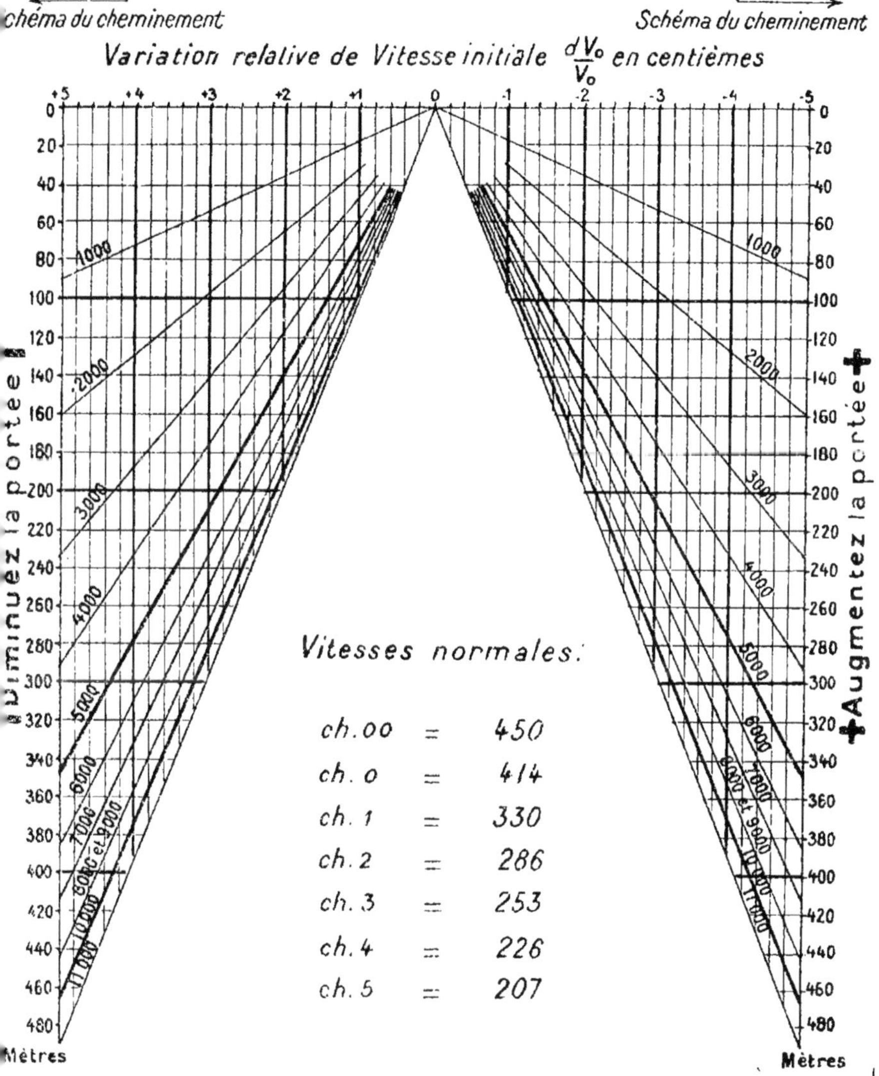

*Schéma du cheminement*

*Schéma du cheminement*

Variation relative de Vitesse initiale $\frac{dV_o}{V_o}$ en centièmes

+5 +4 +3 +2 +1 0 -1 -2 -3 -4 -5

Diminuez la portée

Augmentez la portée

1000 2000 3000 4000 5000 6000 7000 et 9000 8000 et 9000 10000 11000

Vitesses normales:

| | | |
|---|---|---|
| ch. 00 | = | 450 |
| ch. 0 | = | 414 |
| ch. 1 | = | 330 |
| ch. 2 | = | 286 |
| ch. 3 | = | 253 |
| ch. 4 | = | 226 |
| ch. 5 | = | 207 |

Mètres

Mètres

# CORRECTION DE POIDS DU PROJECTILE

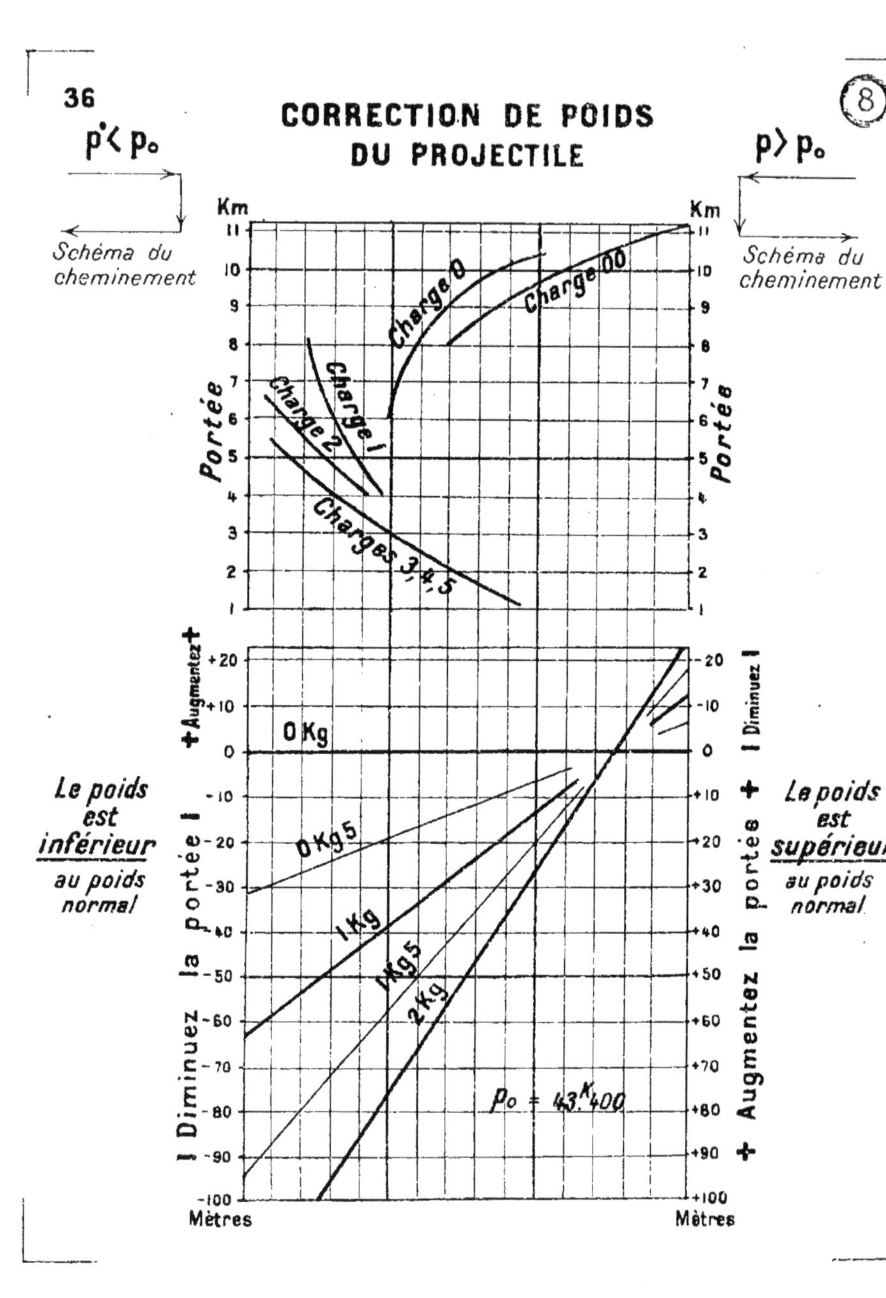

# Charge 00

**Left scales**

| Angles au niveau | Portées | Events de la Fusée 24/31 LD |
|---|---|---|
|  | 8.000 |  |
| 400 | 8.100 |  |
| 410 | 8.200 | 30 |
|  | 8.300 |  |
| 420 | 8.400 | 31 |
| 430 | 8.500 |  |
| 440 | 8.600 | 32 |
| 450 | 8.700 | 33 |
| 460 | 8.800 |  |
| 470 | 8.900 | 34 |
| 480 | 9.000 |  |
| 490 | 9.100 | 35 |
| 500 | 9.200 |  |
| 510 | 9.300 | 36 |
| 520 | 9.400 | 37 |
| 530 | 9.500 |  |
| 540 | 9.600 | 38 |
| 550 | 9.700 | 39 |
| 560 | 9.800 |  |
| 570 | 9.900 | 40 |
| 580 | 10.000 | 41 |
| 590 | 10.100 |  |
| 600 | 10.200 | 42 |
| 610 | 10.300 | 43 |
| 620 | 10.400 |  |
| 630 | 10.500 | 44 |
| 640 |  |  |

**Right scales**

| Angles au niveau | Portées | Events de la Fusée 24/31 LD |
|---|---|---|
|  | 10.500 |  |
| 650 | 10.600 | 43 |
|  | 10.700 | 46 |
| 700 | 10.800 | 47 |
|  | 10.900 |  |
|  | 11.000 | 48 |
| 750 | 11.100 | 49 |
| 800 | 11.200 | 50 |

# CHARGE 0

Angles
au niveau
Portées
Events de la
fusée 24/31LD
290
6000
300
6100
6200
22
310
6300
320
6400
23
6500
330
6600
24
340
6700
350
6800
25
6900
360
7000
26
370
7100
380
7200
27
7300
390
7400
28
400
7500
410
7600
29
420
7700
7800
30
430
7900
31
440
8000
450
8100
32
460
8200
33
470
8300
480
8400
34
8500

Angles
au niveau
Portées
Events de la
fusée 24/31LD
490
8500
500
8600
35
510
8700
36
520
8800
530
8900
37
540
9000
38
550
9100
560
9200
39
570
580
9300
40
590
9400
600
9500
41
9600
42
620
9700
43
640
9800
44
660
9900
45
680
10000
46
700
10100
47
720
10200
720
740
10200
48
740
760
10300
780
10400
49

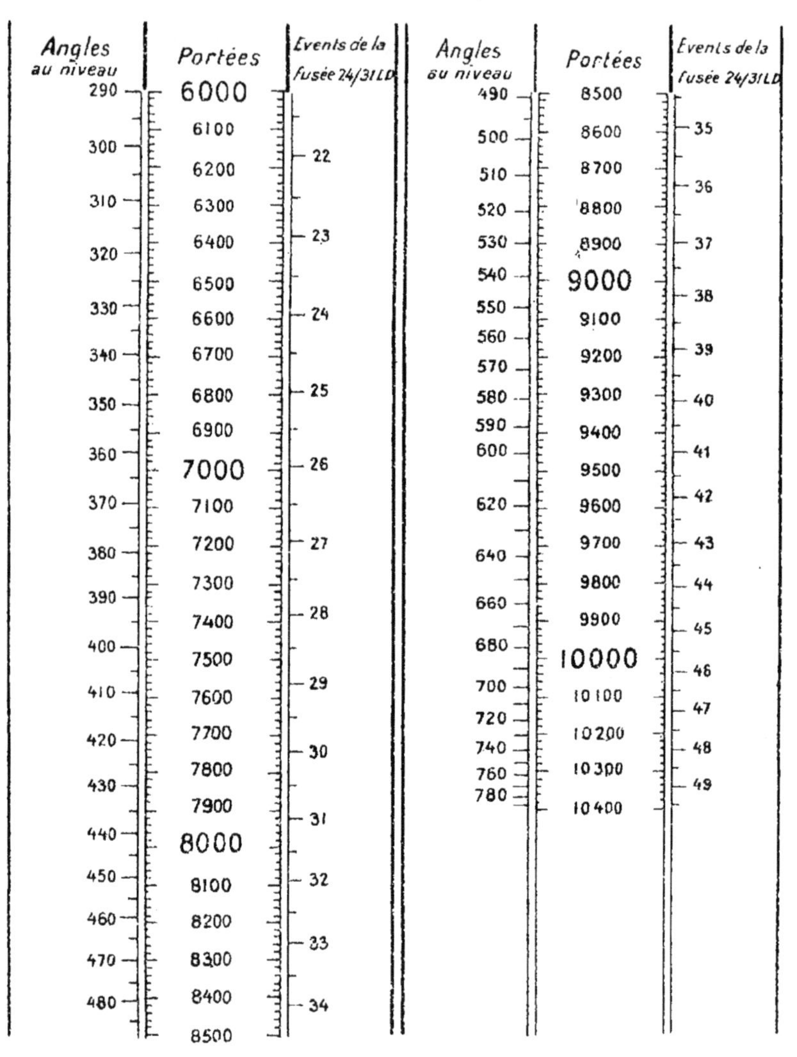

# CHARGE 1

| Angles au niveau | Portées | Events de la fusée 24/31 LD. | Angles au niveau | Portées | Events de la fusée 24/31 LD. |
|---|---|---|---|---|---|
|  | 4000 |  | 480 | 6500 | 30 |
| 250 | 4100 | 16 | 490 | 6600 |  |
| 260 | 4200 |  | 500 | 6700 | 31 |
| 270 | 4300 | 17 |  | 6800 | 32 |
|  | 4400 |  | 520 | 6900 |  |
| 280 | 4500 | 18 | 540 | 7000 | 33 |
| 290 | 4600 |  |  | 7100 | 34 |
| 300 | 4700 | 19 | 560 | 7200 | 35 |
| 310 | 4800 |  | 580 | 7300 | 36 |
| 320 | 4900 | 20 | 600 | 7400 | 37 |
| 330 | 5000 |  | 620 | 7500 | 38 |
| 340 | 5100 | 21 | 640 | 7600 | 39 |
| 350 | 5200 | 22 | 660 | 7700 | 40 |
|  | 5300 |  | 680 | 7800 | 41 |
| 360 | 5400 | 23 | 700 | 7900 | 42 |
| 370 | 5500 |  | 720 | 8000 | 43 |
| 380 | 5600 | 24 | 740 | 8100 | 44 |
| 390 | 5700 |  | 760 |  |  |
| 400 | 5800 | 25 |  |  |  |
| 410 | 5900 | 26 |  |  |  |
| 420 | 6000 |  |  |  |  |
| 430 | 6100 | 27 |  |  |  |
| 440 | 6200 | 28 |  |  |  |
| 450 | 6300 |  |  |  |  |
| 460 | 6400 | 29 |  |  |  |
| 470 | 6500 |  |  |  |  |

# Charge 2

| Angles au niveau | Portées | Events de la Fusée 24/31 LD |
|---|---|---|
| 320 | 4.000 | 18 |
| 330 | 4.100 | |
| 340 | 4.200 | 19 |
| 350 | 4.300 | |
| 360 | 4.400 | 20 |
| 370 | 4.500 | 21 |
| 380 | 4.600 | |
| 390 | 4.700 | 22 |
| 400 | | |
| 410 | 4.800 | 23 |
| 420 | 4.900 | |
| 430 | 5.000 | 24 |
| 440 | 5.100 | 25 |
| 450 | | |
| 460 | 5.200 | 26 |
| 470 | 5.300 | |
| 480 | 5.400 | 27 |
| 490 | | 28 |
| 500 | 5.500 | |
| 520 | 5.600 | 29 |
| | 5.700 | 30 |
| 540 | 5.800 | 31 |
| 560 | 5.900 | 32 |
| 580 | 6.000 | 33 |
| 600 | 6.100 | 34 |
| 620 | 6.200 | 35 |
| 640 | 6.300 | 36 |
| 660 | 6.400 | 37 |
| 680 | 6.500 | |

| Angles au niveau | Portées | Events de la Fusée 24/31 LD |
|---|---|---|
| 700 | 6.500 | 38 |
| 720 | 6.600 | 39 |
| 740 | | 40 |
| 760 | 6.700 | |

# Charge 3

| Angles au niveau | Portées | Events de la Fusée 24/31 L D |
|---|---|---|
| | 3.000 | |
| 280 | 3.100 | 15 |
| 300 | 3.200 | |
| 310 | 3.200 | |
| 320 | 3.300 | 16 |
| 330 | 3.400 | 17 |
| 340 | 3.400 | 17 |
| 350 | 3.500 | |
| 360 | 3.600 | 18 |
| 370 | 3.700 | 19 |
| 380 | 3.700 | |
| 390 | 3.800 | |
| 400 | 3.900 | 20 |
| 420 | 4.000 | 21 |
| 440 | 4.100 | 22 |
| | 4.200 | 23 |
| 460 | 4.300 | |
| 480 | 4.400 | 24 |
| 500 | 4.500 | 25 |
| 520 | 4.600 | 26 |
| 540 | 4.700 | 27 |
| 560 | 4.800 | 28 |
| 580 | 4.900 | 29 |
| 600 | 5.000 | 30 |
| 620 | 5.100 | 31 |
| 640 | 5.200 | 32 |
| 660 | | 33 |
| 680 | 5.300 | 34 |
| 700 | | |
| 720 | 5.400 | 35 |
| 740 | 5.500 | 36 |

# Charge 4

| Angles au niveau | Portées | Events de la Fusée 24/31 L D |
|---|---|---|
| 230 | 2.000 | 10 |
| 240 | 2.100 | |
| 250 | 2.200 | 11 |
| 260 | 2.200 | |
| 270 | 2.300 | |
| 280 | 2.400 | 12 |
| 290 | 2.400 | |
| 300 | 2.500 | 13 |
| 320 | 2.600 | |
| | 2.700 | 14 |
| 340 | 2.800 | 15 |
| 360 | 2.900 | |
| 380 | 3.000 | 16 |
| 400 | 3.100 | 17 |
| 420 | 3.200 | 18 |
| 440 | 3.300 | 19 |
| 460 | 3.400 | 20 |
| 480 | 3.500 | 21 |
| 500 | 3.600 | |
| 520 | 3.700 | 22 |
| 540 | | 23 |
| 560 | 3.800 | 24 |
| 580 | 3.900 | 25 |
| 600 | 4.000 | 26 |
| 620 | 4.100 | 27 |
| 640 | 4.200 | 28 |
| 660 | | 29 |
| 680 | 4.300 | 30 |
| 700 | | |
| 720 | 4.400 | 31 |
| 740 | 4.500 | 32 |

# CHARGE 5

| Angles au niveau | Portées | Events de la Fusée 24/31 LD | Angles au niveau | Portées | Events de la Fusée 24/31 LD |
|---|---|---|---|---|---|
| 130 | 1000 |  | 640 | 3500 | 24 |
| 140 | 1100 |  | 660 | 3600 | 25 |
| 150 | 1200 | 6 | 680 | 3700 | 26 |
| 160 |  |  | 700 |  | 27 |
| 170 | 1300 |  | 720 | 3800 | 28 |
| 180 | 1400 | 7 | 740 |  |  |
| 190 |  |  | 760 |  |  |
| 200 | 1500 | 8 | 780 | 3900 |  |
| 220 | 1600 |  | 800 |  |  |
| 240 | 1700 | 9 |  |  |  |
| 260 | 1800 | 10 |  |  |  |
|  | 1900 |  |  |  |  |
| 280 | 2000 | 11 |  |  |  |
| 300 | 2100 |  |  |  |  |
| 320 | 2200 | 12 |  |  |  |
| 340 | 2300 | 13 |  |  |  |
| 360 | 2400 | 14 |  |  |  |
| 380 | 2500 | 15 |  |  |  |
| 400 | 2600 |  |  |  |  |
| 420 | 2700 | 16 |  |  |  |
| 440 | 2800 | 17 |  |  |  |
| 460 | 2900 | 18 |  |  |  |
| 480 | 3000 | 19 |  |  |  |
| 500 | 3100 | 20 |  |  |  |
| 520 | 3200 |  |  |  |  |
| 540 | 3300 | 21 |  |  |  |
| 560 |  | 22 |  |  |  |
| 580 | 3400 | 23 |  |  |  |
| 600 | 3500 |  |  |  |  |
| 620 |  |  |  |  |  |

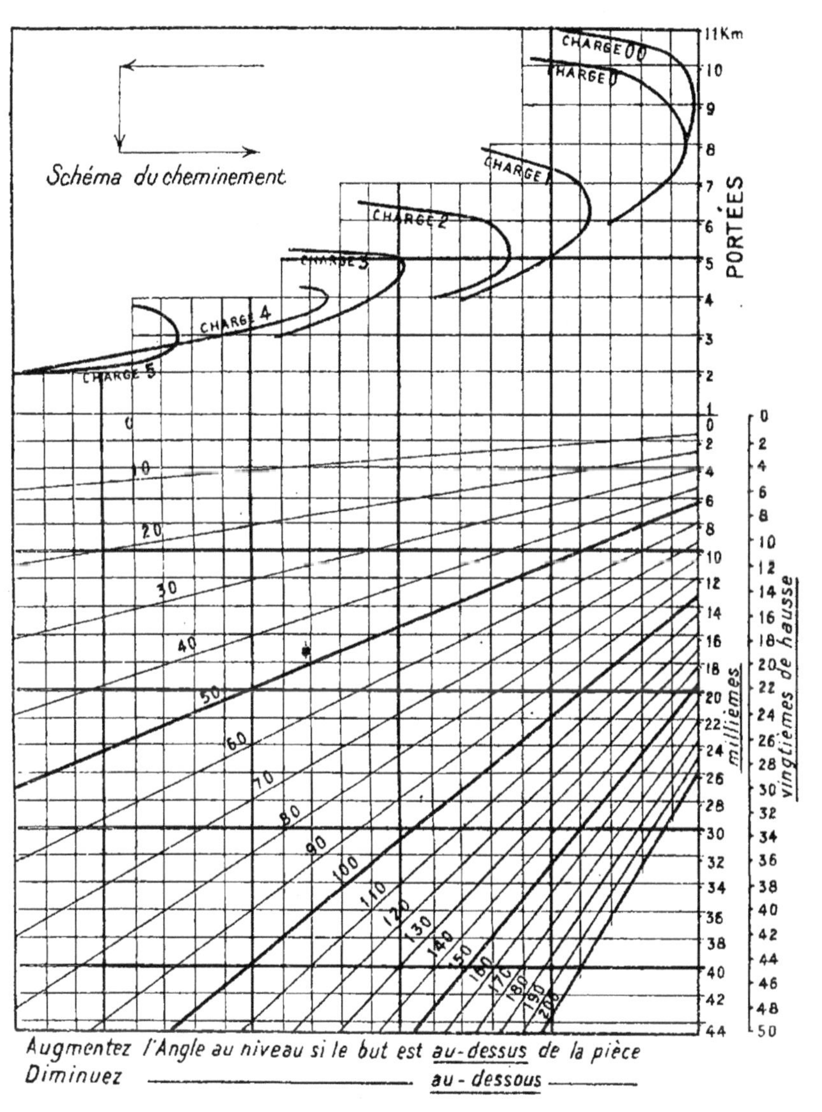


Augmentez l'Angle au niveau si le but est _au-dessus_ de la pièce
Diminuez _________________________ _au-dessous_

44
CORRECTIONS DE CONVERGENCE
Schéma du cheminement
Schéma du cheminement
Angle Ligne des 2 Pièces - Plan de Tir
Centaines de millièmes
Mètres
Mètres
34 36 38 40 42 44 46 48 50 52 54 56 58 60 62 64
32 30 28 26 24 22 20 18 16 14 12 10 8 6 4 2 0
200
200
Distance des 2 Pièces
Distance des 2 Pièces
150
100
50
+ Augmentez la portée +
− Diminuez la portée −
200 150 100 50 0 50 100 150 200
MÈTRES
MÈTRES
Diminuez la dérive
Augmentez la dérive
10
20
30
40
50
60
11000 10000 9000 8000 7000 6000 5000 4000 3000 2000 1000
Millièmes
Millièmes

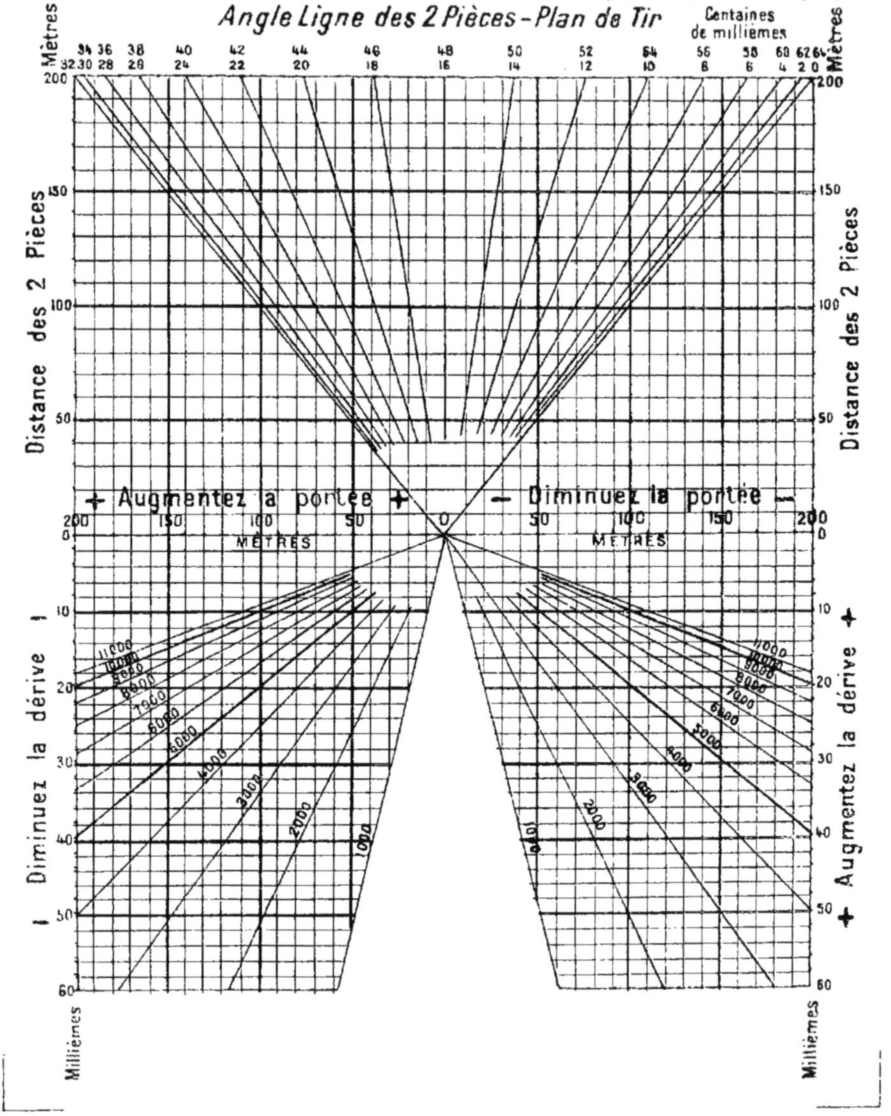

# TRANSFORMATION DES CORRECTIONS DE PORTÉE EN CORRECTIONS D'ANGLE AU NIVEAU

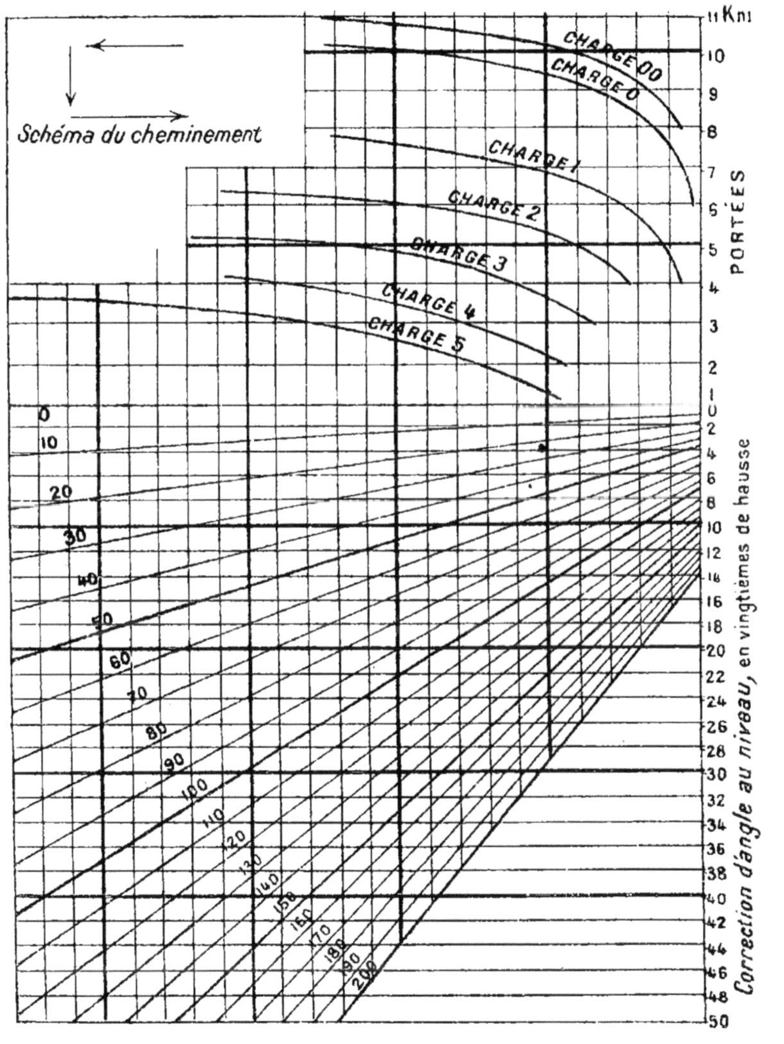

# VALEURS DES ÉCARTS PROBABLES

## 1° EN PORTÉE

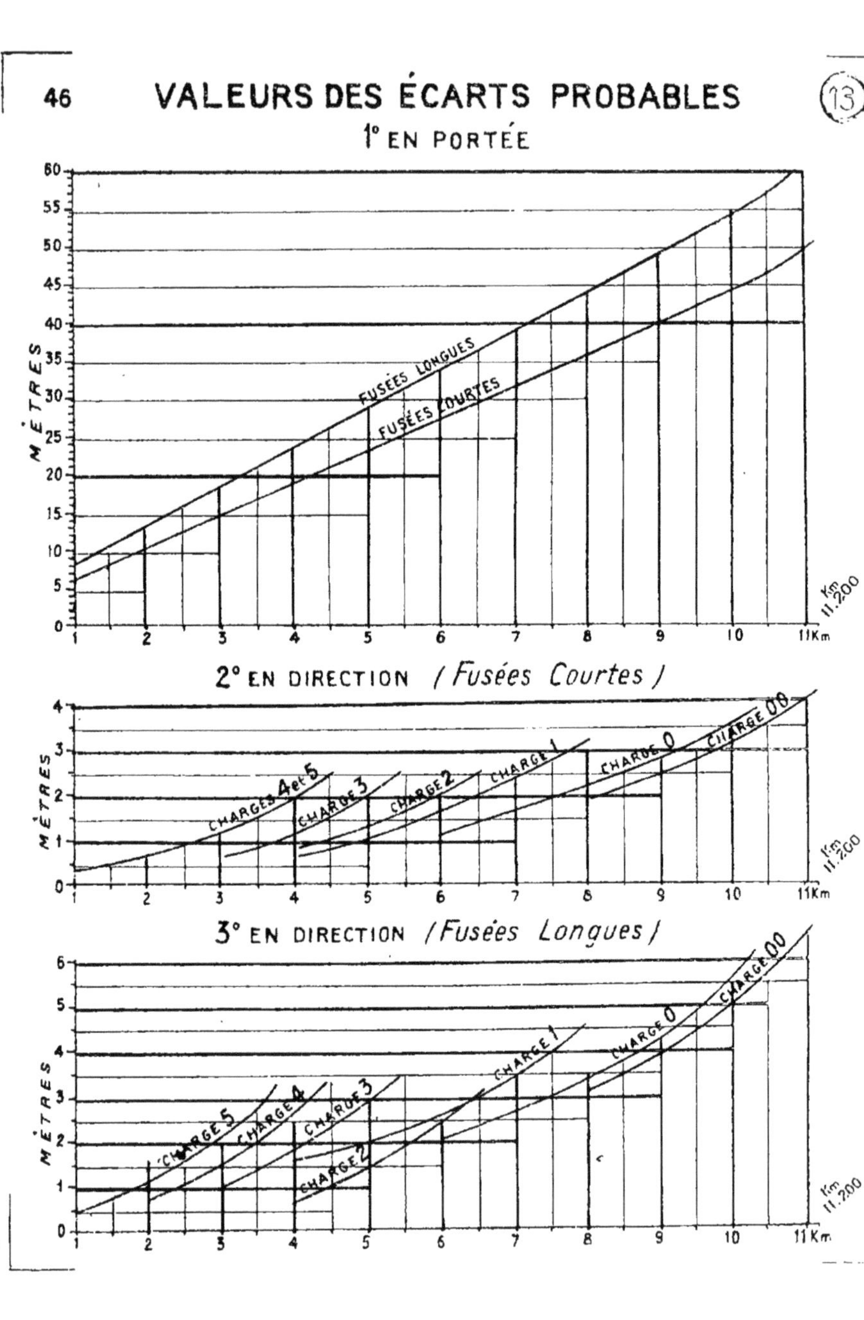

# CORRECTION DE PORTÉE POUR LE PASSAGE DES FUSÉES COURTES AUX FUSÉES LONGUES

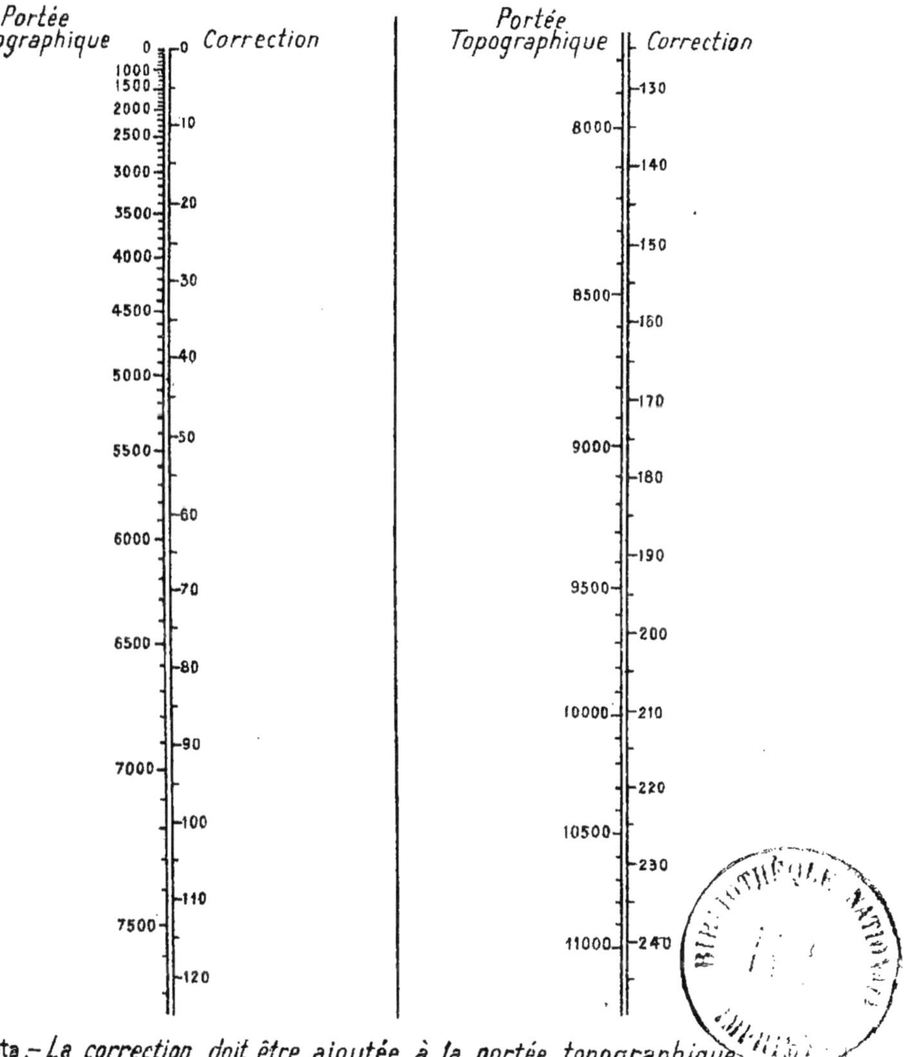


Nota.— La correction doit être ajoutée à la portée topographique

48

www.ingramcontent.com/pod-product-compliance
Ingram Content Group UK Ltd.
Pitfield, Milton Keynes, MK11 3LW, UK
UKHW022138170726
13837UKWH00004B/1642